DELIUS KLASING

Toni Rietveld

Radar auf Yachten

Einführung in die Praxis

Delius Klasing Verlag

Die Originalausgabe erschien 1995 unter dem Titel
„Radar voor Jachten – Principes, Navigatie,
Voorkomen van Aanvaringen“ von Toni Rietveld
bei Uitgeverij Hollandia BV.

Die Deutsche Bibliothek – CIP-Einheitsaufnahme

Rietveld, Toni:
Radar auf Yachten : Einführung in die Praxis / Toni Rietveld. [Aus
dem Holländ. von Wulf Barow]. – Bielefeld : Delius Klasing, 1997
(Yacht-Bücherei ; Bd. 121)
Einheitssacht.: Radar voor Jachten <dt.>
ISBN 3-87412-162-3

ISBN 3-87412-162-3

Die Rechte für die deutsche Ausgabe liegen bei
Delius Klasing Verlag GmbH, Bielefeld
Aus dem Holländischen übertragen von Wulf Barow
Umschlaggestaltung: Ekkehard Schonart
Titelfoto: H.-G. Kiesel
Fotos und Illustrationen: Adelbert van Groeningen
Gesamtherstellung: Ludwig Auer GmbH, Donauwörth
Printed in Germany 1997

Inhalt

Vorwort

Immer mehr Sportboote sind mit Radargeräten ausgerüstet. Mit diesem Buch sollen Benutzer von Radargeräten einerseits über die Möglichkeiten, die ein Radar bietet, unterrichtet und andererseits über die Schwierigkeiten, denen sie bei der Anwendung begegnen können, informiert werden.
Wenn Sie sich auf die Anwendung von Radar vorbereiten, gehen Sie am besten folgendermaßen vor:

- Lesen Sie ein Buch über Radar.
- Besuchen Sie einen Kursus über Radar.
- Üben Sie mit Radarsimulationssoftware.
- Benutzen Sie Radar zunächst bei guter Sicht.
- Verlassen Sie sich erst danach bei schlechter Sicht auf Radar.

In diesem Buch werden häufig englische Ausdrücke wie *„head-up display“*, *„true motion“* etc. verwendet, insbesondere in den Bildunterschriften. Hiermit wird die Tatsache berücksichtigt, daß bei Radargeräten die Bezeichnungen der Bedienungselemente und die Angaben auf den Radarschirmen im allgemeinen in Englisch gehalten sind. Im laufenden Text werden in der Regel die deutschen Ausdrücke verwendet.
Die schematischen Abbildungen von Radarschirmen in diesem Buch sind nicht zur Simulation mit vorhandenen Radargeräten geeignet.
Die Kartenausschnitte aus der Serie *„Hydrografische Kaarten“* (Ausgabe 1994 der Karten 1803.2, 1810.2, 1810.3 und 1811.3) sind mit Genehmigung der Hydrografie übernommen worden.

1 Das Funktionsprinzip von Radar

Was ist Radar?

Alle Handelsschiffe haben Radar. Und auch auf immer mehr Sportbooten ist die Radarantenne im Mast inzwischen ein vertrauter Anblick. Verwunderlich ist das nicht, denn dieses Instrument erfüllt eine sehr nützliche Aufgabe. Genaugenommen hat es eine Doppelfunktion:

1. Radar kann bei der Ortsbestimmung helfen. Die Position des eigenen Fahrzeugs, bezogen auf die Umgebung, wird auf dem Radarschirm angezeigt, wodurch es beispielsweise möglich ist, bei schlechter Sicht sicher in einen Hafen einzulaufen.
2. Radar erfüllt vor allem eine wichtige Rolle beim Vermeiden von Kollisionen und beim Planen und Durchführen von Ausweichmanövern.

Dafür braucht man allerdings einige Kenntnisse und viel Erfahrung. Sind diese beiden Voraussetzungen nicht gegeben, kann das Radar eher Anlaß zu Irrtümern sein, als daß es nützliche Informationen liefert. Ein Radarbild ist deshalb so schwierig zu interpretieren, weil seine Darstellung stark von dem abweicht, was man gewöhnlich mit den Augen draußen an Deck wahrnimmt. Hierauf wird später näher eingegangen.

Das Kürzel RADAR wird aus den Anfangsbuchstaben von *Radio Detection And Ranging* gebildet. Das bedeutet: Mit Radar kann man ein Objekt peilen und gleichzeitig die Entfernung des Objekts von der eigenen Position bestimmen. Vereinfacht ausgedrückt, funktioniert ein Radar folgendermaßen:

Eine um ihre senkrechte Achse drehende Radarantenne, der *scanner*, sendet ultrakurze Impulse von sehr hoher Frequenz aus. Treffen diese Impulse auf ein geeignetes Objekt, werden sie von diesem reflektiert. Anschließend werden sie von derselben Antenne, die ein Segment eines Parabolspiegels ist, wieder aufgefangen, im Empfänger, dem *receiver*, verarbeitet und als Lichtpunkt oder Fleck auf dem Radarschirm sichtbar gemacht. Je weiter das reflektierende Objekt entfernt ist, desto länger sind die Impulse hin und zurück zur Antenne unterwegs. In dieser Hinsicht ähnelt das System einem Echolot.

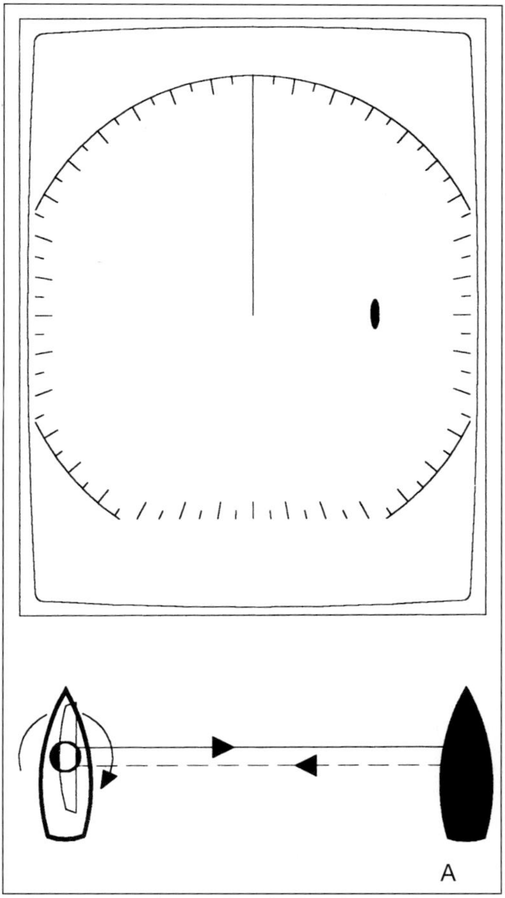

Abb. 1 Das Erzeugen eines Echos auf dem Radarschirm

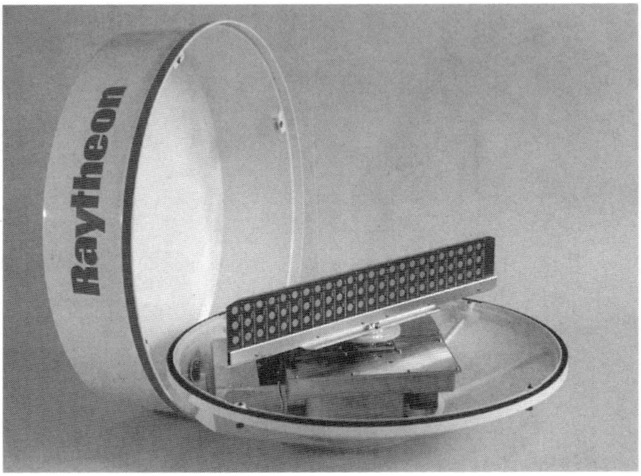

Abb. 2 Yachtradarantenne mit abgenommener Schutzhaube (Radome)

Bei einem einfachen Radarschirm liegt die eigene Position genau im Mittelpunkt des Radarschirms. Um den Mittelpunkt herum erscheinen dann Lichtflecke, die die vom Radarstrahl getroffenen Objekte darstellen. Die Radarantenne dreht sich mit 25 bis 30 Umdrehungen pro Minute um ihre Achse. Synchron mit der Antenne dreht sich um den Mittelpunkt des Radarschirms ein Katodenstrahl, ein „unsichtbarer“ Lichtpunkt, der sich sehr schnell vom Mittelpunkt zum Rand des Radarschirms bewegt. Zum besseren Verständnis stelle man sich vor, daß die Antenne kurz stillsteht und genau zum Objekt hin ausgerichtet ist. Die Antenne sendet einen Impuls aus, der vom Objekt A in Abb. 1 reflektiert wird. Wenn der Impuls an Bord aufgefangen und entsprechend verarbeitet worden ist, wird der Lichtpunkt sichtbar, leuchtet auf. Das ist das *Echo* oder englisch *target*. Die Stelle, an der der Lichtpunkt sichtbar wird, hängt von der Zeit ab, die der Impuls für den Hin- und Rückweg zwischen Objekt und Antenne benötigt. Liegt das Objekt weit entfernt, wird der Lichtpunkt am Rand des Radarschirms sichtbar, liegt es hingegen ganz in der Nähe, erscheint der Lichtpunkt nahe beim Mittelpunkt, der eigenen Position. Der Lichtpunkt auf dem Radarschirm leuchtet nach. Glücklicherweise, denn sonst würde er nach kurzem Aufblitzen verlöschen und erst wieder nach der

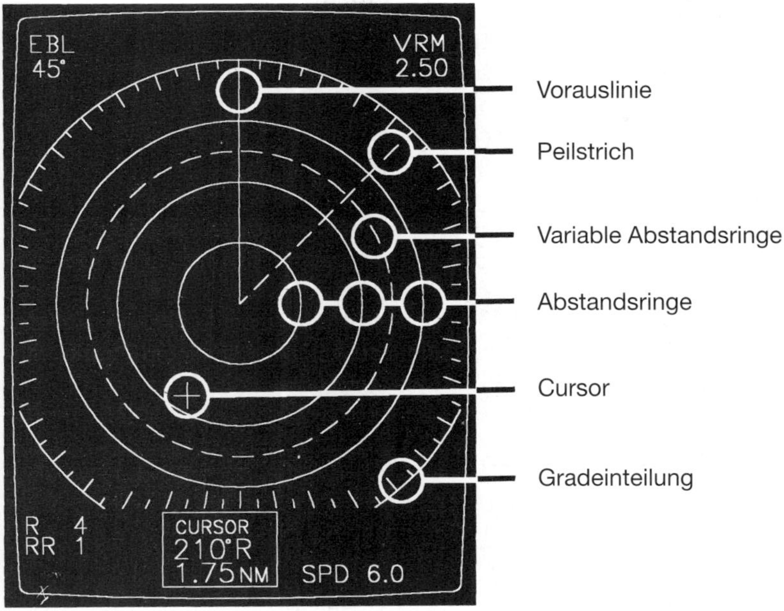

Abb. 3 Einfacher Radarschirm

nächsten Antennenumdrehung erscheinen. Die Nachleuchtzeit dauert mindestens so lange wie eine Antennenumdrehung, so daß der Lichtpunkt praktisch dauernd sichtbar bleibt.
Hier nun die fünf wichtigsten Elemente des Radarschirms und ihre englischen Bezeichnungen:

- *Die Gradeinteilung (0° bis 360°)* am Außenkreis des Radarschirms
- *Die Vorauslinie (Heading)*
- *Die Abstandsringe, Meßringe (Variable Range Marker, VRM)*
- *Der Peilstrich (Electronic Bearing Marker, EBM)*
- *Der Cursor, Markierungszeichen auf dem Radarschirm*

Die **Vorauslinie** ist ein leuchtender Strich, der in den meisten Fällen auf 000° der Gradeinteilung, also genau oben in der Mitte liegt. Man nennt das eine vorausstabilisierte Anzeige *(head-up display)*. Wenn man einen elektronischen Kompaß *(Fluxgatekompaß)* besitzt, kann dieser an das Radargerät angeschlossen werden. In einem solchen nordstabilisierten System *(north-up)*, gibt die Vorauslinie den Kompaßkurs des Schiffes an. Die verschiedenen Darstellungen des Radarbildes wirken sich selbstverständlich auf die Peilung eines Objekts und auf die Interpretation des Radarbildes aus. Im ersten Fall wird die Peilung relativ zum anliegenden Kurs ermittelt. Im zweiten Fall erhält man eine Kompaßpeilung. Die verschiedenen Radarbilddarstellungen werden noch ausführlicher behandelt.

Die **Abstandsringe** sind konzentrische, auf den Radarschirm projizierte Kreise. Die meisten Radaranlagen besitzen sechs solcher Ringe, die den Erfassungsbereich in sechs Entfernungszonen unterteilen. Ist der Bereich *(range)* beispielsweise auf 12 sm eingestellt, beträgt die Entfernung zwischen zwei benachbarten Ringen jeweils 2 sm. Hierdurch wird eine rasche und sichere Bestimmung der Entfernung eines Objekts vom eigenen Standort wesentlich erleichtert. Für eine genauere Entfernungsbestimmung läßt sich ein weiterer einstellbarer Ring auf das Zielecho *(target)* legen:

der **veränderliche Abstandsring,** *variable range marker (VRM)*. Bei vielen Geräten ist es auch möglich, mit dem Peilstrich (siehe unten) ein Echo zu markieren und von einer digitalen Anzeige auf dem Radarschirm die Entfernung *(range of the target)* abzulesen.

Mit dem **Peilstrich**, *electronic bearing line (EBL)* oder *electronic bearing marker (EBM),* kann die Peilung eines Objekts abgelesen werden. Hierzu legt man den Peilstrich auf den Lichtpunkt des Objekts und liest die Peilung auf der Gradeinteilung am Radarschirmrand oder an anderer Stelle (Anzeige: *bearing*) digital ab. Beim vorausstabilisierten *(head-up)* Display erhält man eine auf den Kurs bezogene Peilung gegenüber der Schiffsmittellinie. Die Abbildung 1 zeigt eine Peilung des Objekts von 45°. Bei einem Kompaßkurs von 120° beträgt die Kompaßpeilung des Objekts 45° + 120° = 165°. Dieser Wert muß noch mit der Mißweisung und der Ablenkung korrigiert werden.

Der Peilstrich muß mitten durch den Lichtfleck des Echos gelegt werden.
Mit dem **Cursor** kann die Position eines Objekts auf dem Radarschirm markiert und anschließend dessen Entfernung und die Peilung abgelesen werden. Häufig hat der Cursor die Form eines Kreuzes (+).
Wenn das Radar mit einem elektronischen Ortsbestimmungssystem (GPS) gekoppelt ist, kann auch die Position in Längen- und Breitengraden angegeben werden.

Die Radarkeule

Die Echos auf dem Radarschirm hängen unter anderem von der Art der ausgesendeten Impulse ab. Deren Energie ist nicht in einem dünnen Strahl gebündelt, sondern unterliegt einer gewissen Streuung (Abb. 4, 5). Im großen und

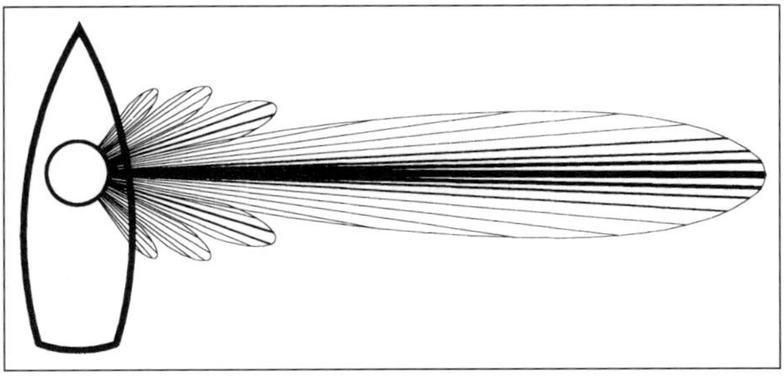

Abb. 4 Radarkeule von oben gesehen, mit Seitenzipfeln (übertrieben breit gezeichnet)

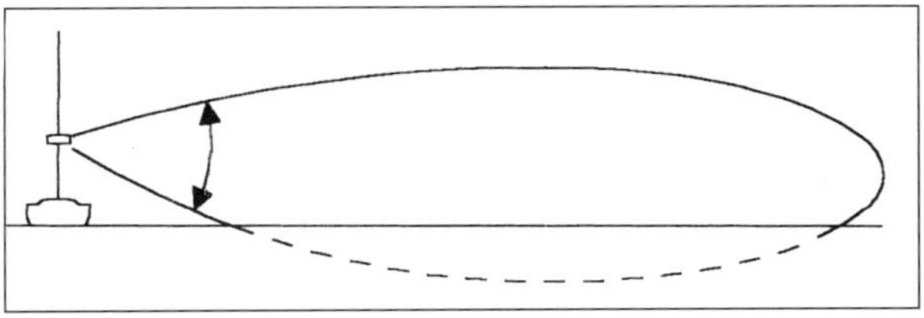

Abb. 5 Radarkeule von der Seite gesehen (übertrieben groß gezeichnet)

ganzen werden die Impulse senkrecht zur Antenne abgestrahlt, so daß man, wie aus den Abbildungen ersichtlich, von einer Radarkeule spricht.

Horizontale Streuung der Radarimpulse (beamwidth)

Trifft eine Radarkeule auf ein Objekt, und wird sie nach der Reflexion wieder teilweise von der Antenne aufgefangen, erscheint das Objekt als Echobild auf dem Radarschirm. Die Abbildung 6 zeigt zwei (mit Radarreflektoren ausgerüstete) Tonnen, die nahe beieinander liegen und daher gleichzeitig von der Radarkeule erfaßt werden. Sie werden nicht als getrennte Echos auf dem Radarschirm abgebildet und daher nicht als zwei Tonnen erkannt. Für den Navigator kann dies sehr irritierend sein!

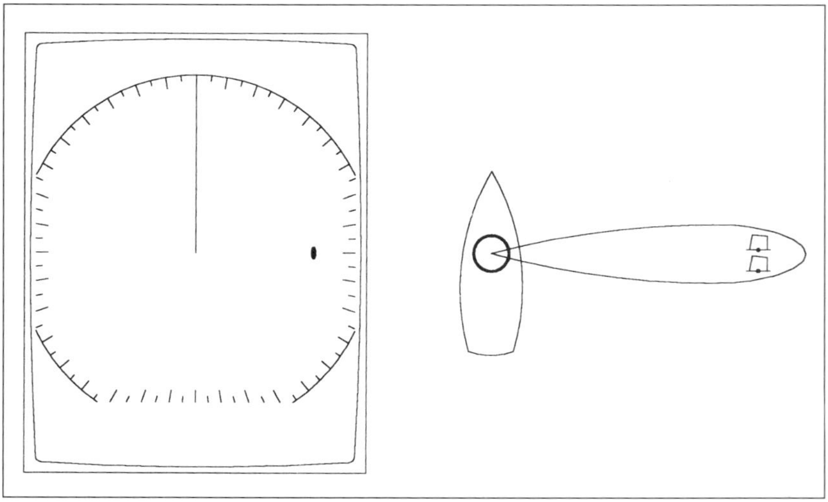

Abb. 6 Zwei Tonnen, die von einer Radarkeule gleichzeitig erfaßt werden

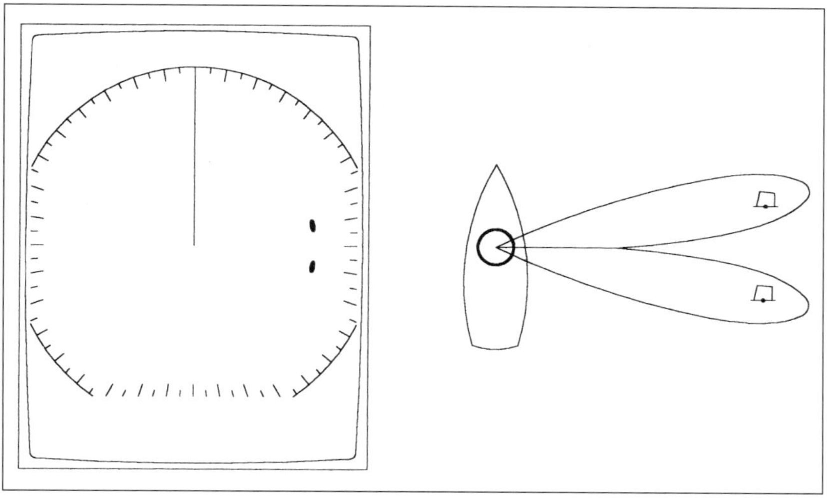

Abb. 7 Zwei Tonnen, die von der Radarkeule getrennt erfaßt werden

Liegen die Tonnen hingegen weit genug auseinander, werden sie von der rotierenden Radarkeule deutlich nacheinander erfaßt und somit auch als zwei getrennte Objekte abgebildet (Abb. 7).

Abhilfe könnte die Verringerung der horizontalen Streuung der Radarenergie bringen. Der Idealfall, ein ganz dünner Radarstrahl, läßt sich jedoch nicht verwirklichen.

Ein weiteres Beispiel für die Wirkung der seitlichen Streuung zeigt sich bei dem Versuch, eine enge Flußmündung in einer Küstenlinie auszumachen. Da beide Flußufer gleichzeitig vom Strahlenbündel erfaßt werden, erscheint die Küste als eine durchgehende Linie ohne deutliche Unterbrechung (Abb. 8).

Die Fähigkeit des Radars, nebeneinanderliegende Objekte zu unterscheiden, hängt von der Bündelung der abgestrahlten Energie, vom sogenannten horizontalen Öffnungswinkel der Antenne *(beamwidth)* ab. Je breiter die Radar-

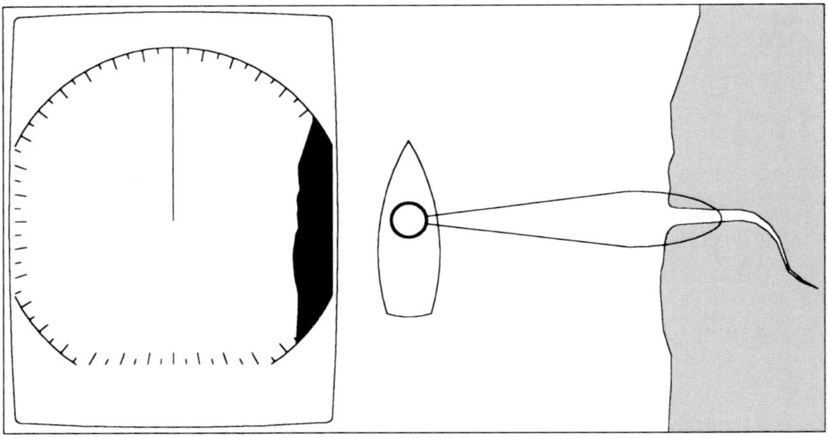

Abb. 8 Schmale Flußmündung in der Radarkeule; diese ist breiter als die Mündung

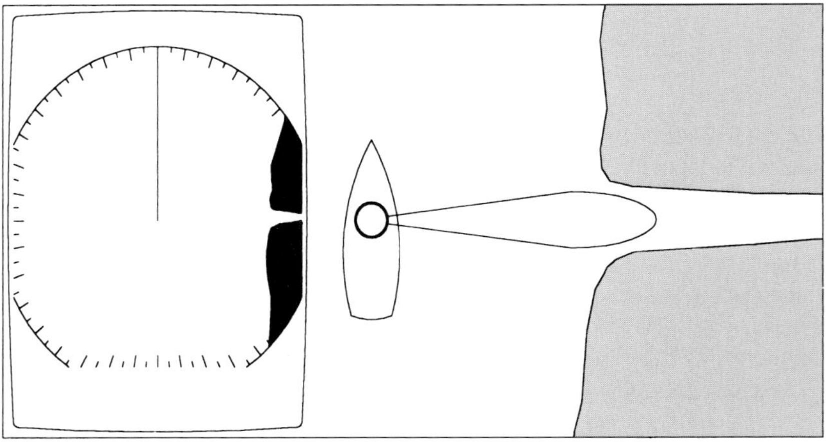

Abb. 9 Breitere Flußmündung in der Radarkeule; die Flußmündung ist breiter als die Radarkeule

antenne ist, desto kleiner ist der Winkel, desto größer ist das Auflösungsvermögen. Bei der Handelsschiffahrt werden Radargeräte verwendet mit Öffnungswinkeln zwischen 0,65°–2° im X-Band und 1,7°–2° im S-Band. (Der Unterschied zwischen diesen beiden Bändern wird im folgenden Abschnitt erklärt.) Auf Sportbooten sind die Radarantennen verhältnismäßig klein und obendrein oft in einem Radome, einem kuppelähnlichen Gehäuse, untergebracht. Die meisten dieser Antennen haben einen Streuwinkel von 4° und mehr und damit ein geringeres Auflösungsvermögen als die Profi-Anlagen. Beispielsweise müssen bei einem Streuwinkel von 2° zwei 5 sm entfernte Objekte mindestens 0,17 sm voneinander entfernt liegen, um noch als getrennte Objekte erkannt zu werden. Bei einem Streuwinkel von 4° müssen sie sogar 0,35 sm voneinander entfernt liegen.
Einen Eindruck vom Auflösungsvermögen, von der Fähigkeit eines Radargeräts, zwei getrennte Objekte als solche zu erkennen, vermittelt die folgende Tabelle. Hierbei wird von einem Öffnungswinkel von 4° ausgegangen.

Entfernung zu den Objekten	Nicht mehr zu unterscheiden bei einem Abstand kleiner als:
5 sm	0,35 sm
10 sm	0,70 sm
15 sm	1,05 sm

Eine letzte, jedoch für die Navigation wichtige Erscheinung ist die scheinbare Verlängerung der Küstenlinie, die man beobachten kann. Das Echo des Randes einer Radarkeule wird auf dem Radarschirm abgebildet, als ob es aus der Mitte des Strahlenbündels stammt. Dies beeinträchtigt die Genauigkeit von Radarpeilungen (Abb. 10): Die Landzunge A in dieser Abbildung wird durch diesen Effekt verschoben auf dem Radarschirm abgebildet, die Küstenlinie wird erweitert. Im dargestellten Fall ist die Peilung zu weit rechts ausgefallen.

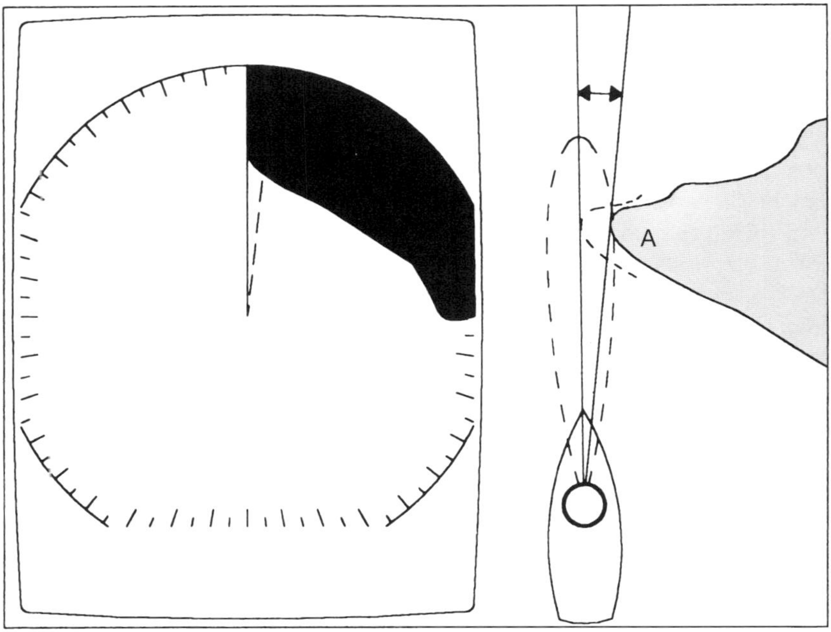

Abb. 10 Radarkeule trifft auf ein Kap (Erweiterung übertrieben groß gezeichnet)

Der negative Effekt der horizontalen Radarstreuung macht sich bei großen Entfernungen stärker bemerkbar als bei nahen Objekten, wie dies bei einer normalen Sichtpeilung auch der Fall ist.
Eine weitere Unzulänglichkeit, die ebenfalls ihre Ursache in dem großen horizontalen Öffnungswinkel der Radarkeule hat, ist die seitliche Verzerrung auch kleinster reflektierender Objekte. Dieser Effekt beeinträchtigt also nicht nur die Genauigkeit und Zuverlässigkeit von Peilungen, er erschwert obendrein die Erkennung und Interpretation eines Radarechos. Die meisten kleineren Objekte erscheinen dann als kleine Kreisbogensegmente um den Mittelpunkt des Radarschirms. Diese Striche werden oft fälschlich als Schiffe gedeutet, auch wenn es sich nur um Tonnen handelt (Abb. 11).

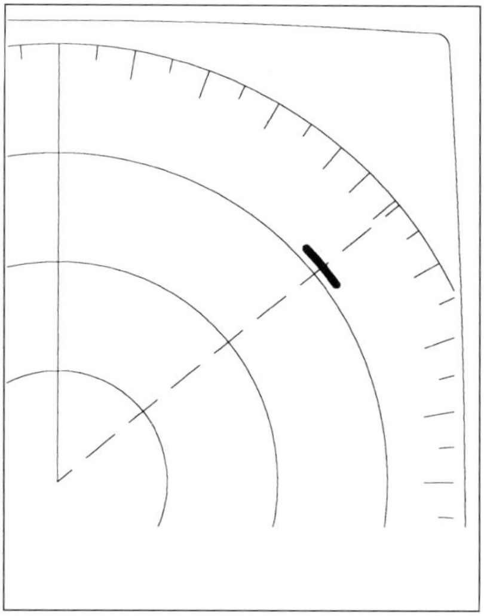

Abb. 11
Punktförmiges Objekt als Bogen auf dem Radarschirm

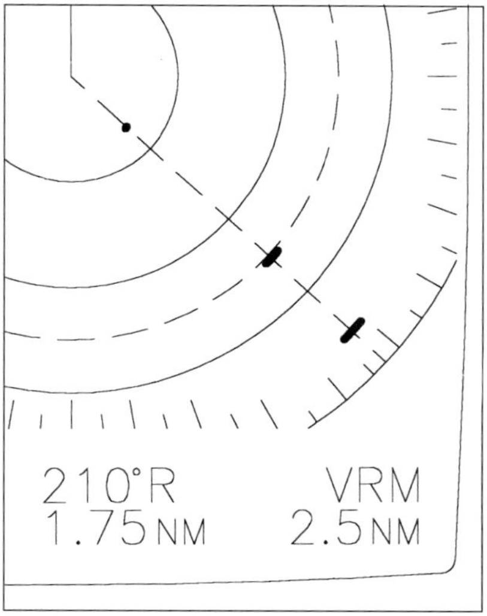

Abb. 12
Deutlich ist die Verbreiterung der Radarkeule in größerer Entfernung zu erkennen

Darum ist es besonders wichtig, sich darüber im klaren zu sein, daß die Form der Echobilder einzelner Objekte keinerlei Aufschluß über die Art der Ziele gibt. So ist es beispielsweise unmöglich, anhand des Radarechos festzustellen, wo sich Bug und Heck eines Schiffes befinden.
Schließlich kann die Form der Radarkeule eine weitere Auswirkung auf die Interpretation des Radarbildes haben (Abb. 12). Dort wird deutlich, daß weit entfernt liegende Objekte als größere Echobilder auf dem Radarschirm erscheinen als nahe gelegene.

Vertikale Streuung der Radarimpulse

Die vertikale Streuung (der vertikale Öffnungswinkel) macht es möglich, daß auch die Radarimpulse von einem überliegenden oder rollenden Schiff ihr Ziel treffen. Im allgemeinen beträgt der Winkel *(vertical beamwidth)* 25° bis 30°. Trotz dieser Streuung muß man sich bei rollenden Schiffen vergegenwärtigen,

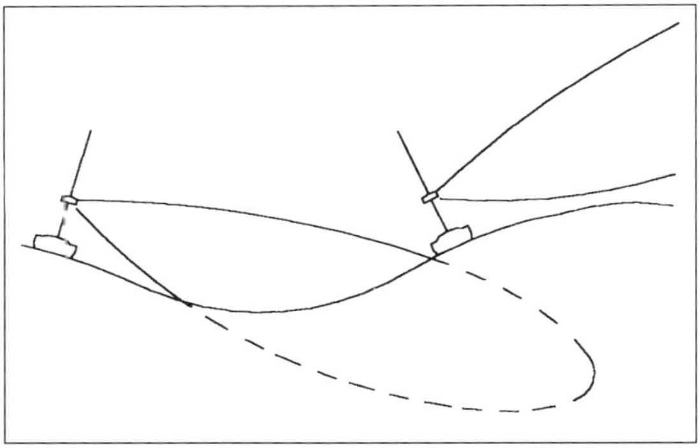

Abb. 13 Radarkeule bei stark überliegendem Schiff

Abb. 14 Kardanisch aufgehängte Antenne

daß die ausgehenden oder reflektierten Radarimpulse nicht regelmäßig aufs Ziel treffen, beziehungsweise von der Antenne aufgefangen werden. Infolgedessen können diese Radarbilder ab und zu vom Bildschirm verschwinden. Bisweilen sind Schiffe mit kardanisch aufgehängten Radarantennen ausgerüstet, um so die oben beschriebenen Effekte zu vermeiden. Abbildung 14 zeigt eine solche kardanisch aufgehängte Radarantenne, deren Bewegungen mehr oder weniger gedämpft werden können.

Impulslänge, Frequenz und Beugung von Radarsignalen

Impulslänge

Bisher ist nur allgemein von Radarimpulsen gesprochen worden, als ob alle Impulse die gleichen Eigenschaften hätten. Das ist jedoch nicht der Fall. Radaranlagen besitzen die Möglichkeit, die Impulslänge nach Belieben zu variieren. Zeitlich lange Impulse sind energiereicher, wodurch sie größere Entfernungen überwinden und damit weiter entfernte Objekte erreichen können. Damit muß man jedoch den Nachteil in Kauf nehmen, daß die Echos zweier dicht hintereinander liegender Objekte zu einem einzigen Echo zusammenfließen. Für eine bessere radiale Auflösung werden daher *kurze* Impulse benötigt. Die folgende Tabelle zeigt, welchen Einfluß die Impulslänge auf das Auflösungsvermögen eines Radarstrahls hat. Die Längenangaben sind die Mindestabstände in radialer Richtung, die zwei Objekte voneinander haben müs-

Impulslänge in µs	Entfernung
0,05	7,3 m
0,10	14,6 m
0,25	37,5 m
0,50	75,0 m

sen, um noch als getrennte Echos abgebildet zu werden, als Funktion von der Impulslänge in µs (Mikrosekunden).
Ein weiteres Merkmal der ausgesendeten Radarenergie ist die Impulsfolgefrequenz *(Pulse Repetition Frequency, PRF)*. Je länger die Radarimpulse sind, desto niedriger ist die PRF. Das radiale Auflösevermögen von Radar wird von der Impulslänge und der Impulsfolgefrequenz bestimmt. Als Beispiel folgen die Impulslängenangaben und die PRF-Werte eines Radars vom Typ Raytheon R20XX:

Impulslänge in µs	PRF in Hz
0,08	2250
0,35	1500
0,70	750

Frequenz

Beim Radar wird die Methode der „Amplitudenmodulation" angewendet: Eine Trägerwelle, die eine hohe Frequenz besitzt, wird mit der gewünschten Form des Radarimpulses moduliert. Sportboot-Radars arbeiten im allgemeinen im 3-cm-Band, dem sogenannten X-Band, das heißt, die Frequenz der Trägerwelle beträgt zwischen 9320 und 9500 MHz. Die Wellenlänge von ungefähr 3 cm korrespondiert mit diesen Frequenzen. Es gibt weitere im Radarbetrieb verwendete Frequenzbänder, wie das S-Band oder 10-cm-Band mit 2920 bis 3100 MHz. Dieses Frequenzband liefert zwar undeutlichere Bilder, es wird aber weniger durch Regen gestört.

Beugung des Radarstrahls

Der Radarstrahl wird *nicht* um ein Objekt herum gebeugt, mit anderen Worten, man kann mit einem Radargerät nicht „um die Ecke sehen". Dies gilt es zu berücksichtigen, wenn zwei Objekte so hintereinander liegen, daß das hintere im „Schatten" des anderen liegt. Wie es dabei zu einer Fehlinterpretation kommen kann, veranschaulicht Abb. 10: Der Küstenteil, der hinter der Landzunge „verborgen" liegt, wird nicht auf dem Radarschirm abgebildet (siehe Kapitel 2).

Die Reichweite von Radar

Folgende Faktoren bestimmen die Reichweite eines Radars:

- die Höhe der Radarantenne
- die Höhe des Objekts

Grob gesehen folgen Radarsignale nicht der Erdkrümmung, so daß die Reichweite genau wie die visuelle Wahrnehmung begrenzt ist. In erster Linie sind es also die Höhe der Antenne und die Höhe des Objekts, von denen die Reichweite abhängt.
Andererseits darf man das Verhalten eines Radarstrahls nicht vollständig dem des sichtbaren Lichts gleichsetzen. Aufgrund ihrer größeren Wellenlänge können Radarsignale in begrenztem Maße doch der Erdkrümmung folgen. Dadurch liegt der Radarhorizont etwa 6% weiter entfernt als der sichtbare Horizont.
Der Radarhorizont einer 10 Meter über dem Wasser angebrachten Radarantenne beträgt ungefähr 7 Seemeilen. Anhand der folgenden empirischen Formel läßt sich die Reichweite einer Radarantenne ermitteln:

D (in sm) = 2,2 (Antennenhöhe + Objekthöhe)

(Höhenangaben in Metern).

Diese Gleichung ähnelt derjenigen für die Sichtweite aus der Küstennavigation.
Ein Beispiel:
In welcher Entfernung taucht Helgoland auf dem Radarschirm auf, wenn sich die Antenne in 8 m Höhe befindet und der höchste Punkt von Helgoland 58 m über dem Meeresspiegel liegt?
Mit Hilfe der Formel erhält man: D = 2,2 (2,83 + 7,62) = 23 sm.
Hierbei darf nicht übersehen werden, daß die höchsten Teile eines Küstenstrichs zuerst auf dem Radarschirm erscheinen. Bei einer flach ansteigenden Küste liegt der Schiffsort also bereits näher an der Küstenlinie als der Radarschirm vorgibt.
Einige Entfernungen, in denen sich verschiedene Objekte befinden, wenn sie mit einer 5 m über dem Meeresspiegel angebrachten Antenne wahrgenommen werden:

Kliffküste, 50 m ü. M.	20 sm
Flache Küste (Strand)	1– 5 sm
Hafenmole	4–10 sm
Großer Frachter	10–16 sm
Kleiner Frachter, Kümo	6–10 sm
Fischkutter	3– 9 sm
Feuerschiff	6–10 sm
Tonne mit Radarreflektor	1,56– 6 sm
Kleine Tonne	0,5– 1 sm

Die Reichweite eines Radars ist allerdings nicht nur von festumrissenen Faktoren abhängig, sondern auch bedingt von der relativen Luftfeuchtigkeit, dem Luftdruck und in gewisser Weise, dem Material und der Form der Objekte, die den Radarstrahl ausreichend reflektieren müssen. Daher hat die obengenannte Formel auch nur bedingte Gültigkeit. Dennoch ist es klar, daß es unter diesem Gesichtspunkt sinnvoll ist, die Antenne möglichst hoch anzubringen.
Die Regel, daß hinter dem Horizont auf Seeniveau liegende Objekte normalerweise auf dem Bildschirm nicht abgebildet werden, weil die Radarstrahlen der

Erdkrümmung nur geringfügig folgen, hat jedoch Ausnahmen. Und zwar unterscheidet man im wesentlichen zwei Arten der Strahlenbeugung, welche die Reichweite eines Radars entweder verringern oder erhöhen können: die Unterreichweite und die Überreichweite.

Unterreichweite

Bei bestimmten atmosphärischen Gegebenheiten, vor allem wenn die Luft über dem Seewasser erheblich (mehr als 6° C) kälter ist, können die Radarimpulse zu stark nach oben gerichtet sein. Die Reichweite kann dann sogar auf 65% des theoretischen Wertes reduziert sein. In unseren Breiten kommt eine solche Situation vor allem im Winter vor.

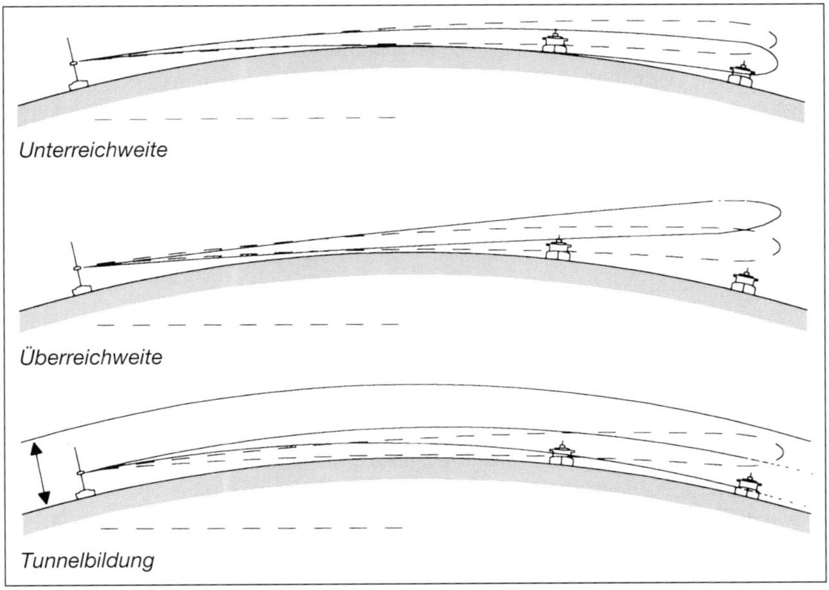

Abb. 15

Überreichweite

Eine Überreichweite ist die Erscheinung, bei der Radarstrahlen der Erdkrümmung stärker folgen. Das Ergebnis ist eine bisweilen erhebliche Vergrößerung der Reichweite. Die physikalische Ursache ist warme Luft über kaltem Seewasser, wobei der Temperaturunterschied auch hierbei über 6° C betragen muß. In unseren Breitengraden kommt dies vor allem im Sommer bei ablandigem Wind vor, und auch auf dem Mittelmeer ist diese Erscheinung nicht ungewöhnlich.

Tunnelbildung (ducting)

Ein extremer Fall der Überreichweite ist das *Ducting* (Tunnelbildung). Hierbei werden die Radarstrahlen ein oder mehrere Male von der Erdoberfläche und den höheren Luftgrenzschichten reflektiert, wodurch die Reichweite außerordentlich vergrößert wird. Auch diese Erscheinung kommt auf der Nordsee vor, des weiteren an der amerikanischen Atlantikküste und auf dem Mittelmeer. Hingegen können Nebel, Schneefall und Regen die Reichweite eines Radars negativ beeinflussen. Das Echo eines Objekts auf dem Radarschirm kann geschwächt werden oder der Niederschlag als flockiges Echo erscheinen.

Störechos

Zum Leidwesen des Beobachters rühren zahlreiche Echos auf dem Radarschirm nicht von festen Objekten her, die für ein Schiff eine Gefahr bedeuten oder eine Navigationshilfe sein können. Nicht nur Tonnen und Baken, Schiffe und Küstenlinien zeichnen sich auf dem Radarschirm ab, sondern oft auch Dinge, die den Beobachter eher verwirren. Im einzelnen kommen folgende „Geisterbilder“ genannte Störechos vor:

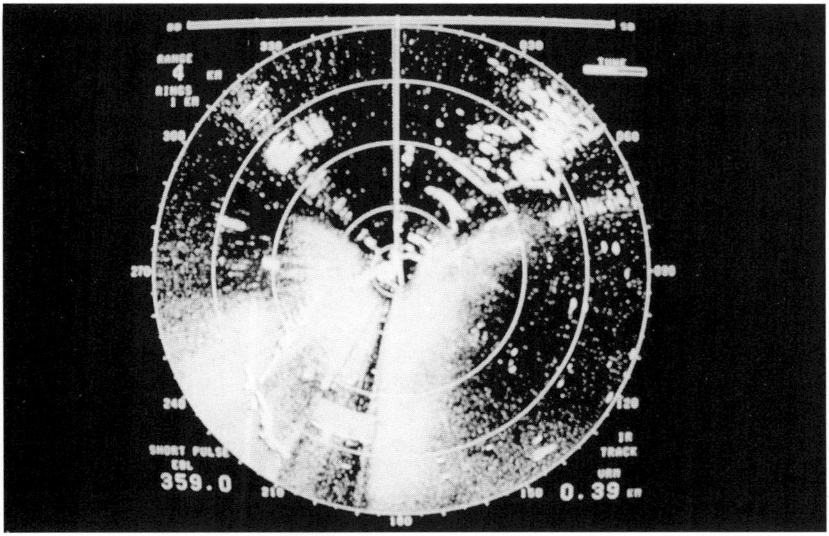

Abb. 16 Seegangsenttrübung ganz zurückgedreht

Seegangs- und Regenechos

Werden die Radarimpulse von Wellenkämmen oder Regenschauern reflektiert, erscheinen auf dem Bildschirm flockige Echos, die die echten Echos überlagern und damit unkenntlich machen können. Viele Radargeräte sind mit besonderen Einrichtungen ausgerüstet *(Sea clutter und Rain clutter)*, mit deren Hilfe diese unregelmäßigen Störechos ausgeschaltet werden können. Allerdings muß man dabei bedenken, daß diese Enttrübungsschaltungen zwar schöne Radarbilder erzeugen, jedoch auch schwache Nutzechos unterdrücken können.
Wenn man den Anti-sea-clutter-Knopf ganz zurückdreht, wird der beispielsweise vom Mast verursachte tote Winkel gut sichtbar (Abb. 16: hier liegt der tote Winkel zwischen 190° und 210°).

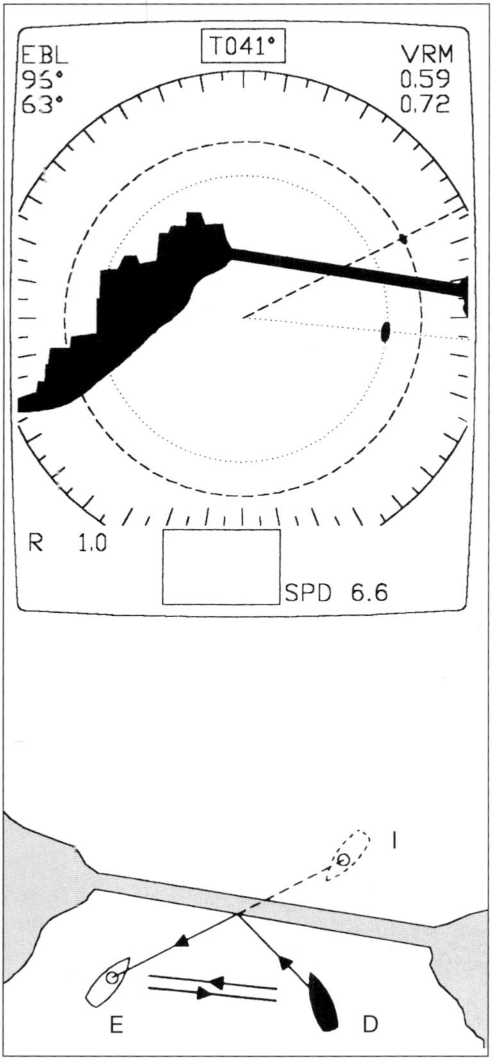

Abb. 17
Falsches Echo;
E = Eigenes Schiff,
D = Direktes Echo,
I = Indirektes (falsches) Echo

Falsche Echos

Wenn ein reflektierter Impuls ein zweites Mal von einem weiteren Objekt zurückgeworfen und dann erst von der Antenne aufgefangen wird, entstehen irreführende Echos, sogenannte falsche Echos. Solche Echos werden dann in einer Entfernung abgebildet, die der vom Radarstrahl zusätzlich zurückgelegten Distanz entspricht. In Abbildung 17 läuft der vom Objekt D reflektierte Radarstrahl nur teilweise direkt und teilweise auf dem Umweg über die Brücke zur Radarantenne zurück. Dem Beobachter wird ein zweites Objekt suggeriert, das es in Wirklichkeit gar nicht gibt. Da der Radarstrahl, der das indirekte Echo hervorruft, einen längeren Weg zurücklegt, ist auch die Entfernung des Echos gegenüber dem eigenen Schiff auf dem Radarschirm größer. Die Entfernung E-D-Brücke-E ist größer als die Entfernung E-D-E.

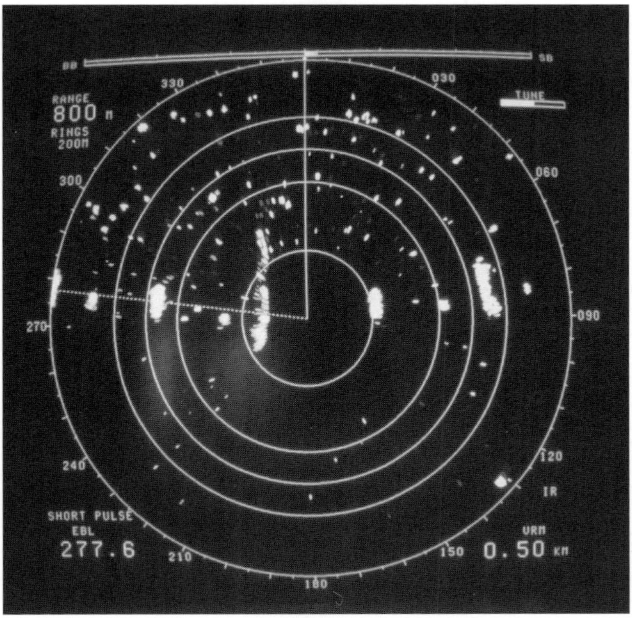

Abb. 18 Mehrfachechos eines großen Tankers und eines kleinen Frachters (vorausorientierte Darstellung)

Die Abbildung 18 zeigt Mehrfachechos. Sie entstehen, wenn die von einem Objekt reflektierten Radarimpulse vom eigenen Schiff und anschließend wieder vom Objekt zurückgeworfen werden. Auf dem Radarschirm erscheinen dann außer dem richtigen Echo verschiedene falsche Echos, wodurch der Eindruck entsteht, daß noch mehr Schiffe in der Nähe sind. Das Foto wurde mit einem Flußradar gemacht, und zwar während der Fahrt neben einem vor Anker liegenden Tanker (etwa 100 m entfernt an Backbord). Als Mitläufer fuhr ein kleiner Frachter etwa 200 m entfernt an Steuerbord. Dieses Schiff lieferte ebenfalls falsche Echos. Der Peilstrich liegt auf dem Tankerecho und den vom Tanker verursachten Mehrfachecho.

Nebenzipfel-Echos

Die Impulsenergie wird, wie erwähnt, nicht in einer einzigen geschlossenen Radarkeule konzentriert, sondern auch in weniger weit reichenden „Nebenzipfeln“ abgestrahlt. Treffen solche Nebenimpulse auf ein nicht allzu weit entferntes Objekt, erscheinen auf dem Radarschirm zu beiden Seiten des Hauptechos kreisförmig um den Mittelpunkt angeordnete Echos (Abb. 19).

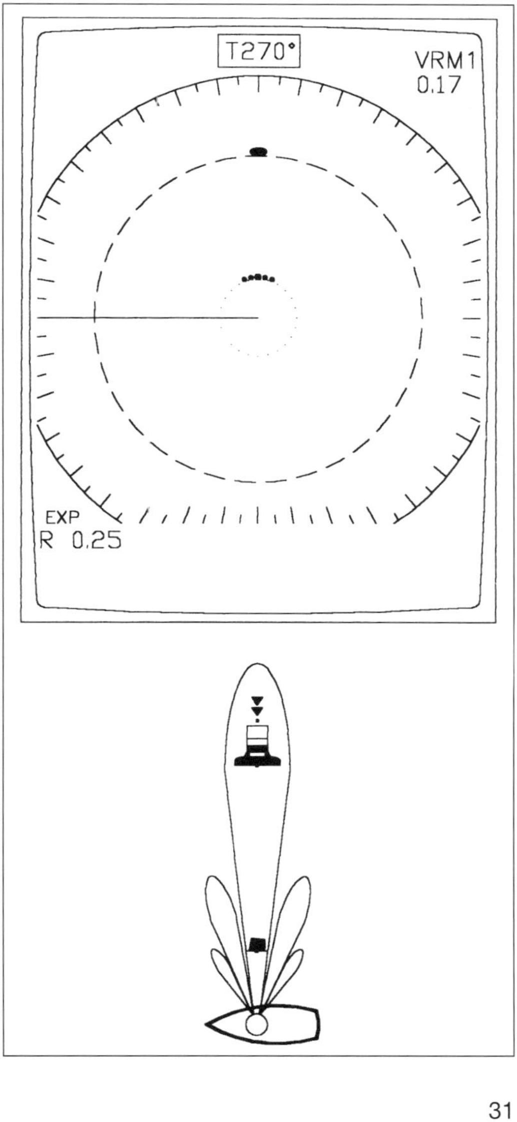

Abb. 19
Seitenzipfel-Echos

Aufgaben

1. In welcher Entfernung erhält man Kontakt mit einem 36 m hohen Kap, wenn die Höhe der Radarantenne 9 m beträgt?
2. Unter welchen Umständen kann der Bereich eines Radars größer sein als normal?
3. Sie fahren in einer Entfernung von 5 sm an einer gut erkennbaren Küste entlang. Der horizontale Öffnungswinkel Ihres Radargeräts beträgt 4°. Können Sie eine Hafeneinfahrt von 100 m Breite auf Ihrem Radarschirm ausmachen?
4. Mit welchem Band erhält man detailliertere Bilder? Mit dem S-Band oder mit dem X-Band?
5. Welchen Nachteil haben lange gegenüber kurzen Radarimpulsen?

2 Radarbilddarstellungen

Definitionen von Radarbilddarstellungen

Radarechos lassen sich auf verschiedene Arten auf dem Radarschirm sichtbar machen. Man unterscheidet zwei Haupttypen von Radarbilddarstellungen:

Typ A: *Relative Darstellung.* Bei dieser Darstellungsform befindet sich das eigene Schiff im Mittelpunkt des Radarschirms und ist daher scheinbar unbeweglich. Die Bewegungen der Bildpunkte auf dem Radarschirm rühren sowohl von der Eigenbewegung als auch von der Bewegung der anderen Objekte her.

Typ B: *Wahre Darstellung* (true motion). Hierbei sehen Sie als Betrachter die Bewegung Ihres eigenen Schiffes auf dem Radarschirm.

Beide Darstellungsformen werden wiederum untergliedert:

A Relative Darstellung (das eigene Schiff liegt im Bildschirmmittelpunkt)

A1 Vorausstabilisiert (Bug oben, head-up)

Bei dieser Darstellung zeigt die Vorauslinie auf 0°. Wenn Sie Ihren Kurs ändern, bleibt die Vorauslinie weiterhin auf 0° stehen, während sich die Peilungen aller Echos ändern.

A2 Nordstabilisiert (Nord oben, north-up)

Hierbei entspricht die Richtung 0° Nordkurs und die Vorauslinie weist in die Richtung des eigenen Kompaßkurses. Um diese Radarbilddarstellung zu ermöglichen, muß die Radaranlage mit einem Kompaß gekoppelt sein. Diese Darstellungsform hat den Vorteil, daß das Radarschirmbild ruhiger ist, da bei kleineren Kursänderungen des eigenen Schiffes, beispielsweise durch Seegang, die Echobilder unverändert bleiben. Infolgedessen lassen sich Peilungen von Objekten leichter durchführen und sind dadurch zuverlässiger. Ein zusätzlicher Vorteil beim Peilen ist, daß der Rudergänger nicht fortlaufend den anliegenden Kurs angeben muß.

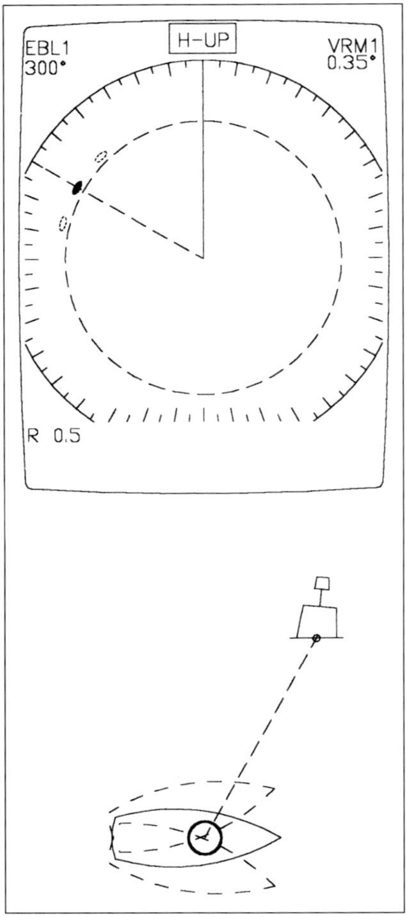

Abb. 20 Vorausstabilisiert

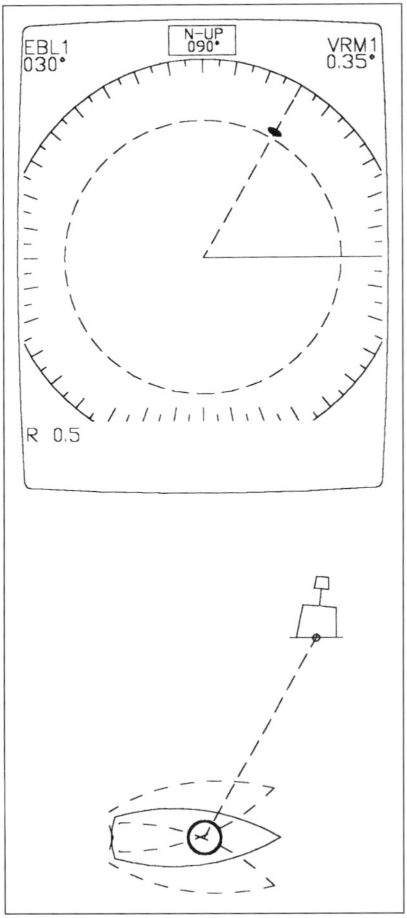

Abb. 21 Nordstabilisiert

Abbildung 21 zeigt die Wirkung der nordstabilisierten Darstellung auf die Qualität von Peilungen.

Angenommen, Sie fahren mit Ihrem eigenen Schiff einen Kurs von 90° (magnetisch). Auf 60° an Bb wird eine Tonne gepeilt. Bei der Darstellung A1 (Abb. 20) (vorausstabilisiert) lautet die Peilung 300°. Durch die Gierbewegungen des Bootes, wodurch der Kurs stets schwankt, ändert sich ebenfalls die Bordpeilung. Wird jedoch die Darstellung A2 (Abb. 21) gewählt (nordstabilisiert), bleibt auch der Peilwinkel gegenüber dem Nullpunkt stabil.

B Wahre Darstellung (das eigene Schiff bewegt sich über den Bildschirm, true motion)

B1 Seestabilisiert

Auf dem Radarschirm werden der Kurs und die Eigengeschwindigkeit des Schiffes durchs Wasser abgebildet. Ihr eigenes Schiff befindet sich im Mittelpunkt des Radarschirms, während die Bewegungen aller anderen um Sie herumliegenden Objekte gegenüber dem eigenen Schiff dargestellt werden. Ein Mitläufer (mit gleichem Kurs und gleicher Geschwindigkeit fahrendes Schiff) wird somit als Lichtpunkt mit unveränderter Position abgebildet. Man nennt dies auch eine nicht-relative Darstellung, während die Darstellungen unter A1 und A2 relativ heißen. Hiermit wird ausgedrückt, daß sie sich aus der eigenen Bewegung und den Bewegungen der Echos ergeben. Wird hingegen das eigene Schiff als ein über den Bildschirm wanderndes Echo dargestellt, handelt es sich um eine wahre Bewegung *(true motion)*. Diese Darstellung ist nur möglich, wenn die eigene Fahrt und der eigene Kurs eingegeben werden. Das sich daraus ergebende Radarbild ähnelt in gewisser Weise einer elektronischen Seekarte, mit allen durch das Radar bedingten Unzulänglichkeiten.

Abbildungen 22 und 23 zeigen die relative und die wahre Darstellung. Hierbei wurde die „Trail"-Möglichkeit angewendet. „Trails" sind die Nachleuchtspuren, die bewegende Objekte auf dem Radarschirm hinterlassen, so daß es möglich ist, die Bewegungen nach Länge und Richtung zu beurteilen.

Bei der relativen Darstellung hinterläßt auch eine in Wirklichkeit stillstehende Tonne eine Spur. Beachten Sie, daß das andere Schiff, das von Stb

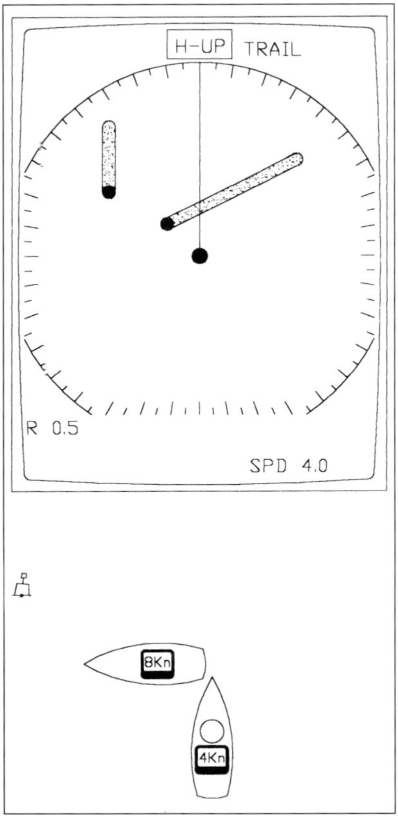

Abb. 22
Relative Darstellung, vorausstabilisiert

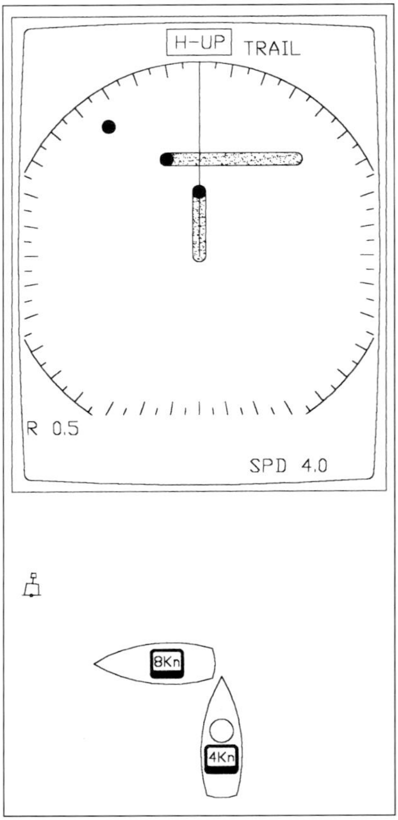

Abb. 23
Wahre Darstellung, vorausstabilisiert

quer vor Ihnen passiert, in der relativen Darstellung schräg von oben zu kommen scheint. Die sichtbare Spur ist die Resultierende aus den Bewegungsvektoren Ihres und des anderen Schiffes. In der gleichen Weise entsteht aus der Summe der Bewegungsvektoren Ihres Schiffes und der Tonne deren Spur. Die Geschwindigkeit der Tonne ist selbstverständlich null.

Diese Darstellungen lassen den Bewegungsablauf der einzelnen Objekte erkennen. Darüber hinaus gibt es die Möglichkeit, Schiffsbewegungen vorherzusagen. Hierzu muß die Radaranlage mit (M) ARPA ausgerüstet sein, dem *(Mini) Automatic Radar Plotting Aids*. Obwohl diese Möglichkeit in Kapitel 4 ausführlicher beschrieben wird, soll an dieser Stelle bereits kurz darauf eingegangen werden.

Zum besseren Verständnis der auf dem Radarschirm vorkommenden Linien wird ein Begriff eingeführt, der im übrigen in Kapitel 4 näher behandelt wird, der *Bewegungsvektor*.

Ein Bewegungsvektor ist eine Linie, die im Zielecho beginnt und in Richtung des relativen oder wahren Kurses läuft. Seine Länge ist der Geschwindigkeit proportional. Das Ende eines Bewegungsvektors gibt die voraussichtliche Position eines Zielechos gegenüber dem eigenen Schiff an. Die Vorhersage gilt für den Zeitpunkt nach Verstreichen der einstellbaren Vektorzeit, die meistens 6 Minuten beträgt. Ein Bewegungsvektor erlaubt nur dann eine korrekte Vorhersage, wenn die eigenen Daten (Kurs und Geschwindigkeit) korrekt sind. Bewegungsvektoren können auf zwei Arten dargestellt werden: relativ und wahr. Bei der relativen Darstellung wird die Eigenbewegung nicht mit einem Bewegungsvektor angegeben, sondern mit einem Punkt, das heißt, genaugenommen hat der eigene Bewegungsvektor die Länge null. Hingegen wird bei der wahren Darstellungsform der eigene Bewegungsvektor mit einer Linie angegeben. Voraussetzung für die Darstellung relativer Bewegungsvektoren ist allerdings, daß Geschwindigkeit und Kurs durch das Wasser des eigenen Schiffes eingegeben werden. Wenn wahre Vektoren verlangt werden, muß obendrein der eigene rechtweisende Kurs eingegeben werden. Die Abbildungen 24 und 25 zeigen die Erscheinungen, die das eigene Schiff, eine Tonne und ein anderes fahrendes Schiff bei einer vorausstabilisierten Darstellung (eigener Bug oben) auf dem Radarschirm erzeugen.

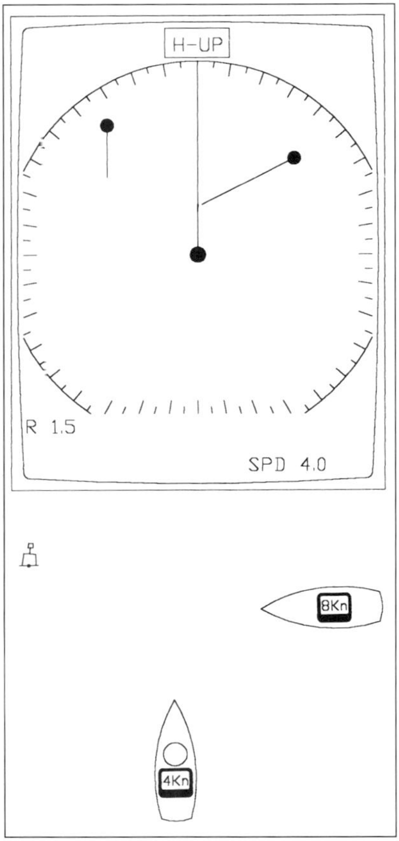

Abb. 24
Radar mit MARPA ausgerüstet; relative Darstellung, vorausstabilisiert

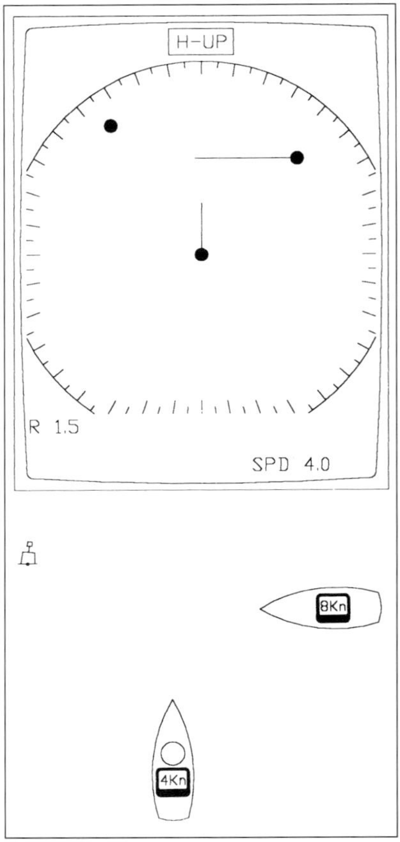

Abb. 25
Radar mit MARPA ausgerüstet; wahre Darstellung, vorausstabilisiert

Bei der relativen Darstellung ist der Bildschirmmittelpunkt die Position des eigenen Schiffes. Alle Bewegungen auf dem Bildschirm sind Resultierende der Eigenbewegung und der Bewegung des Objekts. Es entsteht der in Abbildung 24 gezeigte Bewegungsvektor der Tonne und ein Bewegungsvektor des anderen Schiffes.

Bei der wahren Darstellung (Abb. 25) hingegen ist kein Bewegungsvektor der Tonne zu sehen (jedenfalls, wenn keine Strömung vorhanden ist), jedoch der Vektor des eigenen Schiffes und natürlich der des anderen, fahrenden Schiffes.

Obwohl sich in beiden Darstellungen erkennen läßt, daß das andere Schiff bei gleichbleibenden Geschwindigkeiten und Kursen beider beteiligten Schiffe kurz vor dem eigenen Schiff passieren wird, ist diese Tatsache nur bei der relativen Darstellung mit einiger Sicherheit vorherzusagen. Dort zeigt nämlich der Bewegungsvektor des anderen Schiffes zu einer Stelle oberhalb des Mittelpunkts, woraus sich erkennen läßt, daß es oben vorbeifährt, während man in der wahren Darstellung schätzen muß, ob ein Kollisionskurs anliegt oder nicht. Aus diesem Grund wird bei der Benutzung einer Radaranlage zur Vermeidung von Kollisionen meist die relative Darstellung gewählt.

B2 Grundstabilisiert

Meistens wird davon ausgegangen, daß die Bewegungen des eigenen und des anderen Schiffes Bewegungen „durchs Wasser“ sind. Dies nennt man seestabilisiert *(sea-stabilized)*. Werden allerdings Kurs und Geschwindigkeit des eigenen Schiffes über Grund in das Radargerät eingegeben, heißt die Darstellung grundstabilisiert *(ground-stabilized)*. Der Kurs über Grund kann beispielsweise von einer GPS- oder Decca-Anlage stammen und die Geschwindigkeit von einem Doppler-Log.

Zusammenfassung:

Relative Darstellung:	Der Mittelpunkt des Radarbildschirms ist der eigene Schiffsort.
Vorausstabilisiert (head-up):	Die Vorauslinie weist auf 0°.
Nordstabilisiert (north-up):	0° ist Nord (Nw: wahr oder Nm: magnetisch); die Vorauslinie weist zum rechtweisenden oder magnetischen Kurs.
Wahre Darstellung (true motion):	Das eigene Schiff bewegt sich auf dem Bildschirm.
Seestabilisiert:	Darstellung der Geschwindigkeit und des Kurses durchs Wasser.
Grundstabilisiert:	Darstellung der Geschwindigkeit und des Kurses über Grund (bisweilen auch TRUE genannt).

Besondere Radarbilddarstellungen

Abgesehen von den grundsätzlichen Unterschieden zwischen vorausstabilisiert und nordstabilisiert, relativen und wahren Bildschirmdarstellungen gibt es weitere Möglichkeiten, die in der Praxis recht nützlich sein können.

C1 Dezentrierung (off-centering)

Eine praktische Methode, mit der man einen relevanten Bildteil auswählen kann, ist die Dezentrierung. Dabei befindet sich das eigene Schiff nicht mehr im Bildmittelpunkt, sondern ist nach links, rechts oder unten verschoben. Auf diese Weise kann beispielsweise ein großer Teil des Landes aus dem Bildschirm entfernt und anstelle dessen ein Teil des gegenüberliegenden Seegebiets gezeigt werden. Abbildung 26 zeigt eine solche

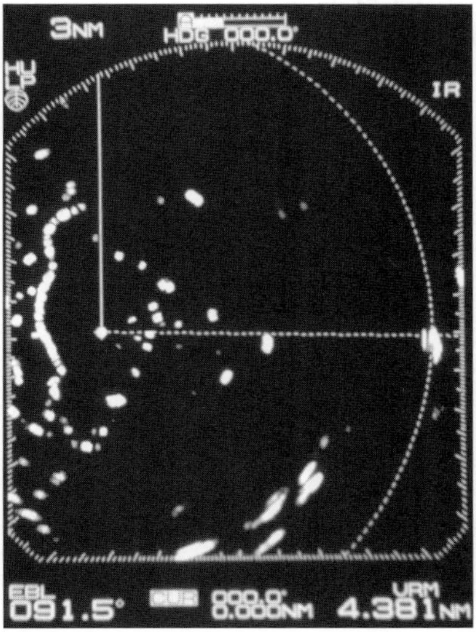

Abb. 26
Dezentrierung; bei Uitdam am Markermeer, vorausstabilisierte Darstellung; das Schiff fährt einen nördlichen Kurs. Koden-Radarbild

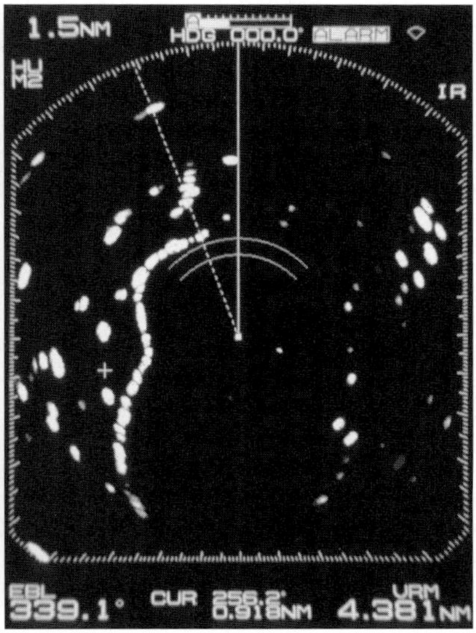

Abb. 27
Sicherheitszone in der Nähe von Uitdam am Markermeer; vorausstabilisierte Darstellung; das Schiff fährt einen nördöstlichen Kurs

Situation, bei der die eigene Position nach links verschoben worden ist, um ein größeres Stück des Wassers (IJsselmeer bei Uitdam) zu zeigen.

C2 *Warnzone (guard-zone)*

Bei den meisten Radargeräten ist es möglich, eine Warnzone einzuschalten. Sobald ein Objekt in diesem Bereich auftaucht, wird ein akustischer Alarm ausgelöst und der Navigator kann entsprechende Maßnahmen ergreifen, ein Ausweichmanöver einleiten oder vermeiden, einer Küste zu nahe zu kommen.

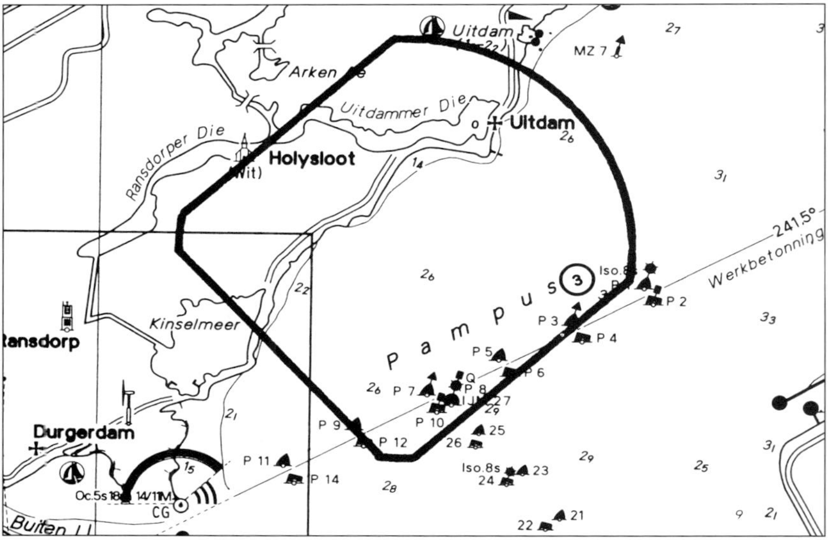

Abb. 28
Mit dem Radarschirmbild von Abbildung 27 korrespondierender Kartenausschnitt (Karte Nr. 1810.2)

Denken Sie daran, daß eine kleine landeinwärts gerichtete Bucht nicht auf dem Bildschirm sichtbar wird (Abb. 27 und 28).

C3 Spur (trail)

Bisweilen ist es praktisch, wenn ein Echo auf dem Bildschirm eine Spur hinterläßt. Mit einem Blick läßt sich der relative Kurs des Objekts erkennen. Wichtig ist es, dabei zu bedenken, daß die Spur den auf das eigene Schiff bezogenen Kurs angibt. Eine stilliegende Tonne, auf die Sie zufahren, wird daher auch eine Spur erzeugen, und zwar aufgrund Ihrer eigenen Fahrt. Das gleiche gilt auch für die Spuren, die Landechos hinterlassen. Die sehen dann verwischt aus, wodurch die Deutlichkeit nicht gerade erhöht wird.

Abbildung 29 zeigt das Schirmbild eines Mini-Yachtradars (eigener Bug oben) mit drei Objekten und deren Spuren: ein Aufläufer an Bb und zwei Schiffe mit undeutlichen Spuren, die hinter dem eigenen Schiff passieren.

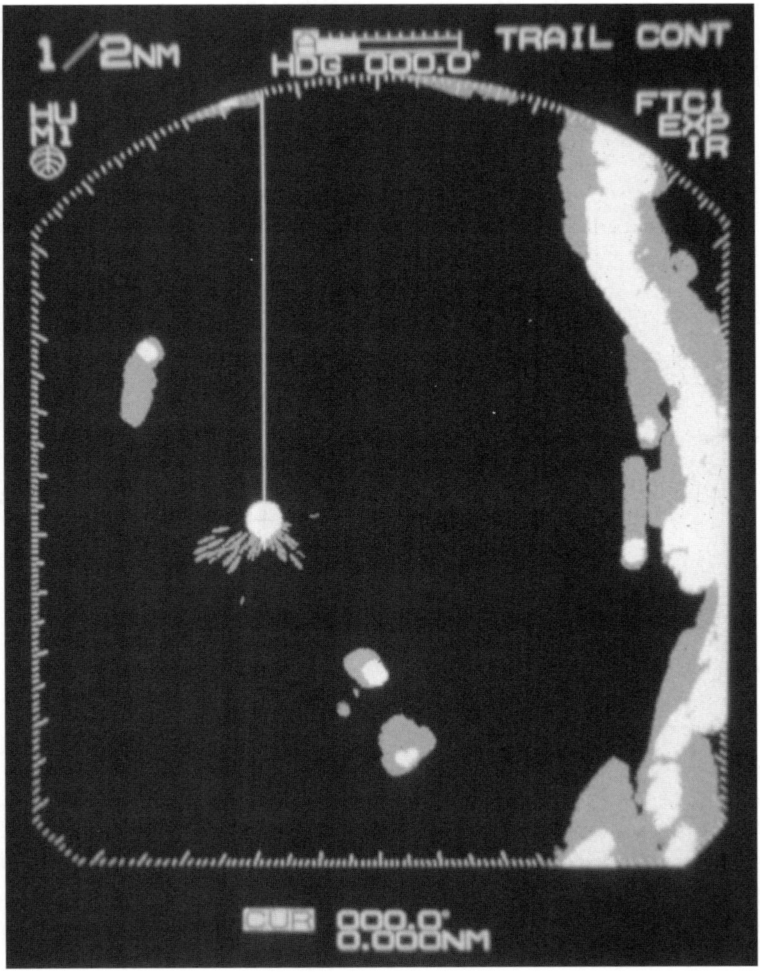

Abb. 29
Nachleuchtspuren: Bb vorne, ein Schiff auf gleichem Kurs mit höherer Geschwindigkeit; Stb achtern, zwei Schiffe auf gleichem Kurs mit fast gleicher Geschwindigkeit

Zusammenfassung:	
Warnzone (guard-zone):	Eine Zone rund um das eigene Schiff, in der das Vorhandensein eines Echos einen Alarm auslöst.
Dezentrierung:	Verschiebung des Bildschirmmittelpunkts.
Spur (trail):	Spur eines Echos.

Radarbilder einiger holländischer Reviere

IJsselmeer bei Medemblik

Die Abbildung 30 zeigt ein Radarbild, das von einem Furuno 1831 Radar stammt, während das Schiff vor Medemblik im IJsselmeer fuhr. Die Radarantenne befand sich in 8 m Höhe am Mast und hatte einen horizontalen Öffnungswinkel *(beamwidth)* von <4° und einen vertikalen Öffnungswinkel von 25°. Die Umdrehungsgeschwindigkeit der Antenne betrug 24/min.
Links oben auf dem Bildschirm steht die Reichweite (in diesem Fall beträgt sie 1,5 sm). Oben in der Mitte ist die Vorauslinie, HDG *(heading)* angegeben: 203,8° und rechts oben steht: „TRAIL AUTO 15S". Hiermit wird angegeben, daß Objekte entsprechend ihrer relativen Bewegung eine Spur auf dem Bildschirm hinterlassen. Diese Spur wird alle 15 Sekunden auf den neuesten Stand gebracht. Da das Radargerät an ein Satelliten-Ortsbestimmungssystem GPS angeschlossen ist, wird unten auf dem Bildschirm die eigene Position angezeigt. Obendrein wird der erste Wegpunkt angezeigt, der eingegeben worden ist (in diesem Fall ein willkürlicher Wegpunkt). Auf dem Bildschirm sind 3 Peilstriche zu erkennen (gestrichelt) und eine Kurslinie *(bearing line)*. Diese weist auf 203,8°, den Kurs nach Medemblik.
Scheinbar werden auf dem Bildschirm vier Schiffe abgebildet, die in nordöstliche Richtung fahren. Bei näherer Betrachtung erweist sich das als Irrtum, denn es handelt sich um vier Windgeneratoren, die dort 1994 aufgestellt wor-

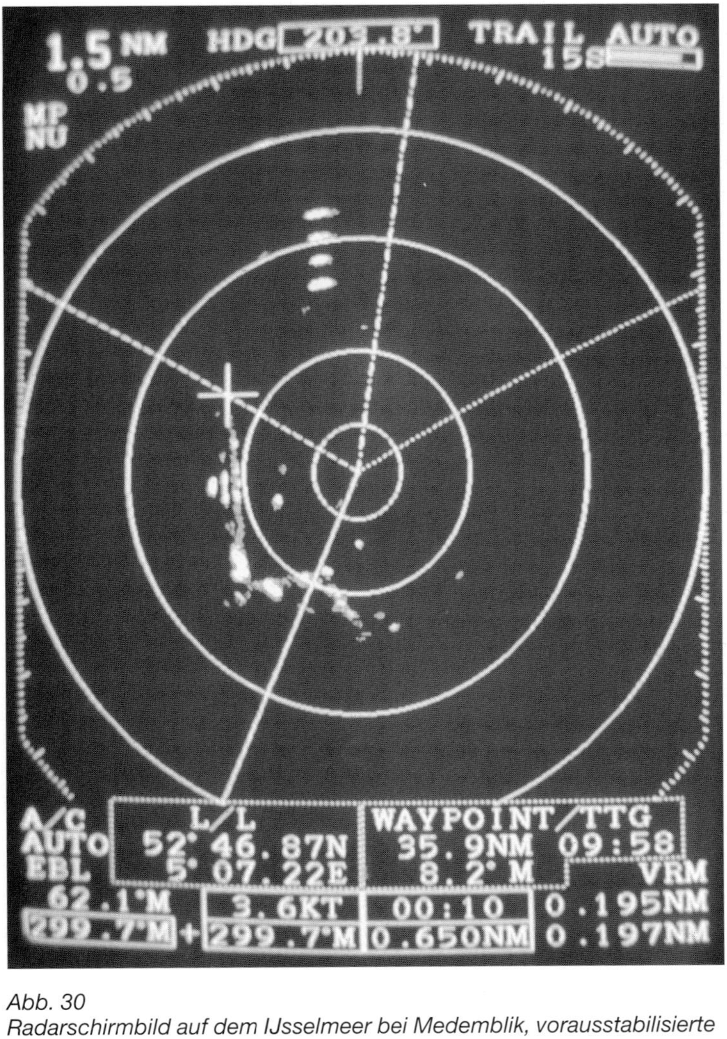

Abb. 30
Radarschirmbild auf dem IJsselmeer bei Medemblik, vorausstabilisierte Darstellung, Bereich 1,5 sm

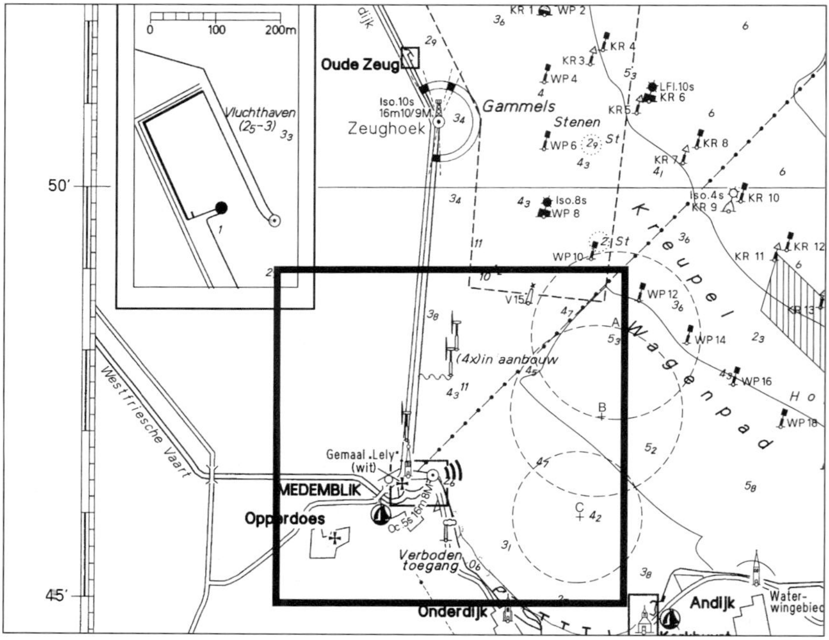

Abb. 31
Mit dem Radarschirmbild von Abbildung 30 korrespondierender Kartenausschnitt (Karte Nr. 1810.3)

den sind (siehe Kartenausschnitt, Abb. 31). Die Flügel eines solchen Windgenerators erzeugen das gleiche Echo wie ein Schiff. Dieses zeigt wiederum, daß es schwierig ist, an der Form eines Echos festzustellen, an welchem Ziel der Radarstrahl reflektiert worden ist.

Abbildung 32 zeigt, welches Radarbild man erhält, wenn man in den Hafen von Medemblik hineingefahren ist. Die Reichweite ist jetzt auf 0,25 sm eingestellt und die Situation macht einen reichlich unordentlichen Eindruck, was nicht ungewöhnlich ist bei einer geringen Reichweiteneinstellung. Immerhin erkennt man, daß sich hinter dem eigenen Schiff in der Hafeneinfahrt ein anderes ein- oder ausfahrendes Schiff befindet.

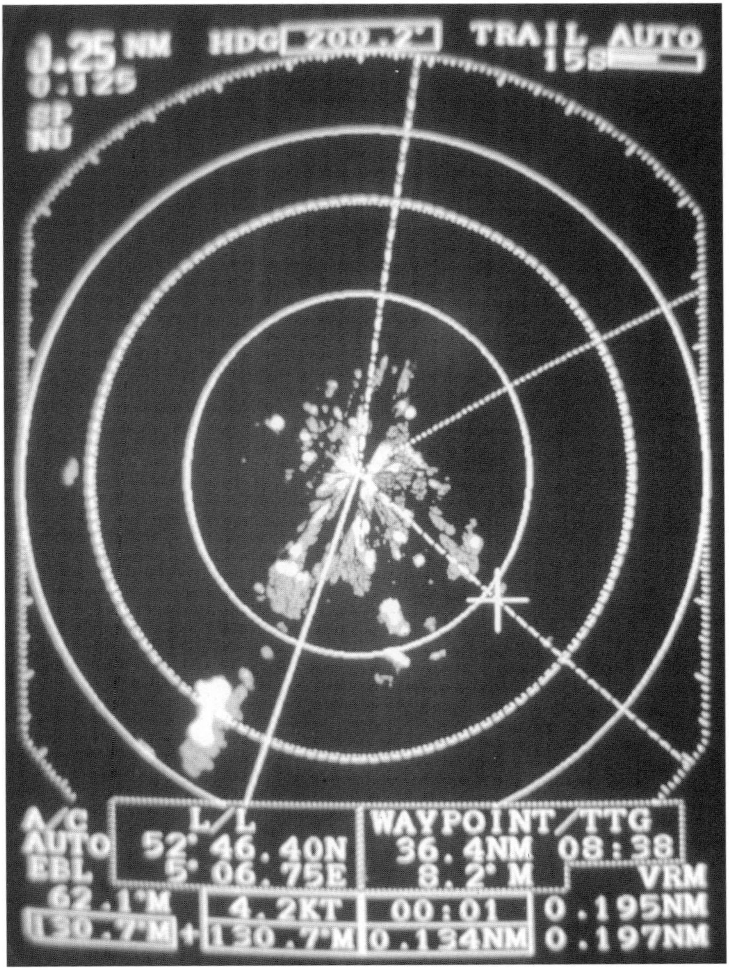

Abb. 32
Radarschirmbild von der Hafeneinfahrt von Medemblik; nordstabilisiert, Entfernung 0,25 sm; Cursor und EBM willkürlich positioniert

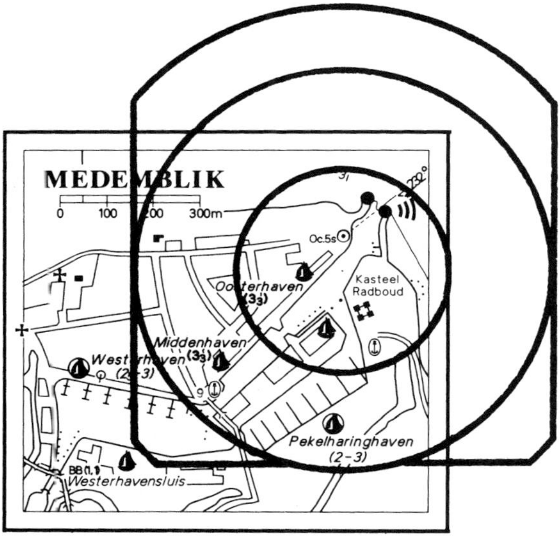

Abb. 33
Mit dem Radarschirmbild von Abbildung 32 korrespondierender Kartenausschnitt (Karte Nr. 1810.3)

Markermeer

Die nächsten Bilder stammen von einem Radargerät der Marke Koden MD-3600 auf einer Segelyacht, mit einer etwa 7 m hohen Antenne. Die Breite der Antenne betrug 62 cm, der horizontale Öffnungswinkel 4° und der vertikale Öffnungswinkel 25°. Die Antenne drehte sich mit 24/min, und der Wind war schwach.

Dieses Radar war weder an einen Kompaß, noch an ein Ortungssystem angeschlossen. Aus diesem Grunde war nur eine vorausstabilisierte Darstellung möglich. Mit solchen Einschränkungen lassen sich nur dann gute Peilungen durchführen, wenn ein gerader Kurs gesteuert wird und das Boot keine wilden Gierbewegungen ausführt.

Abbildung 34 zeigt das Radarbild während einer Position vor der Insel Marken. Es war ein belebter Tag mit zahlreichen Booten rund um das „Paard van Marker".

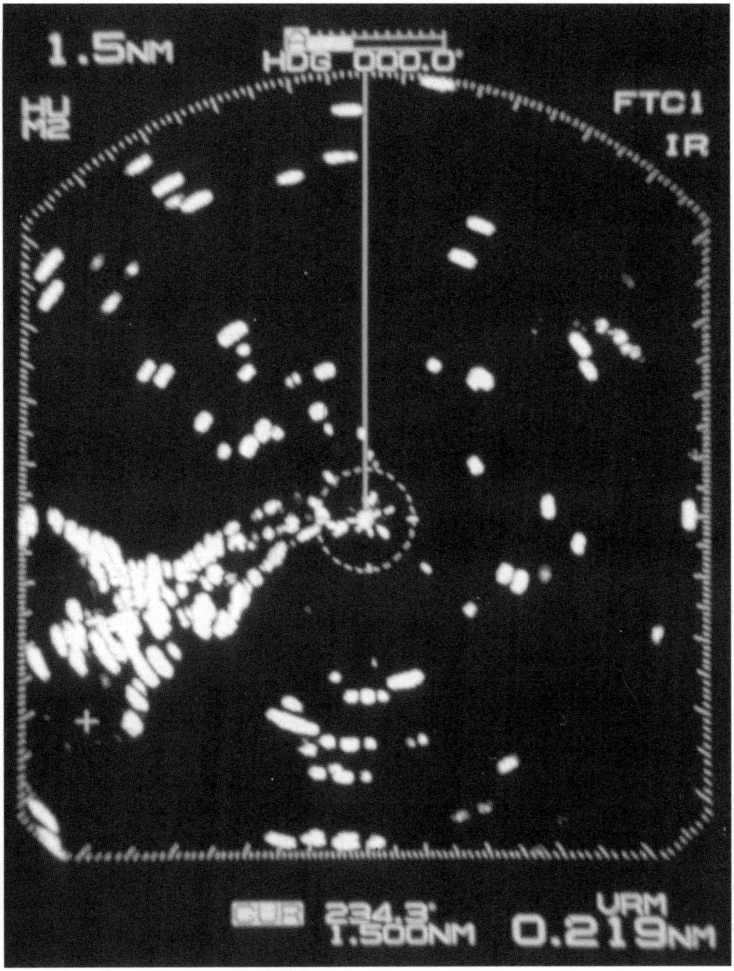

Abb. 34
Radarschirmbild bei Marken; Entfernung 1,5 sm, vorausstabilisiert; Cursor willkürlich positioniert; das Schiff fährt einen nördlichen Kurs

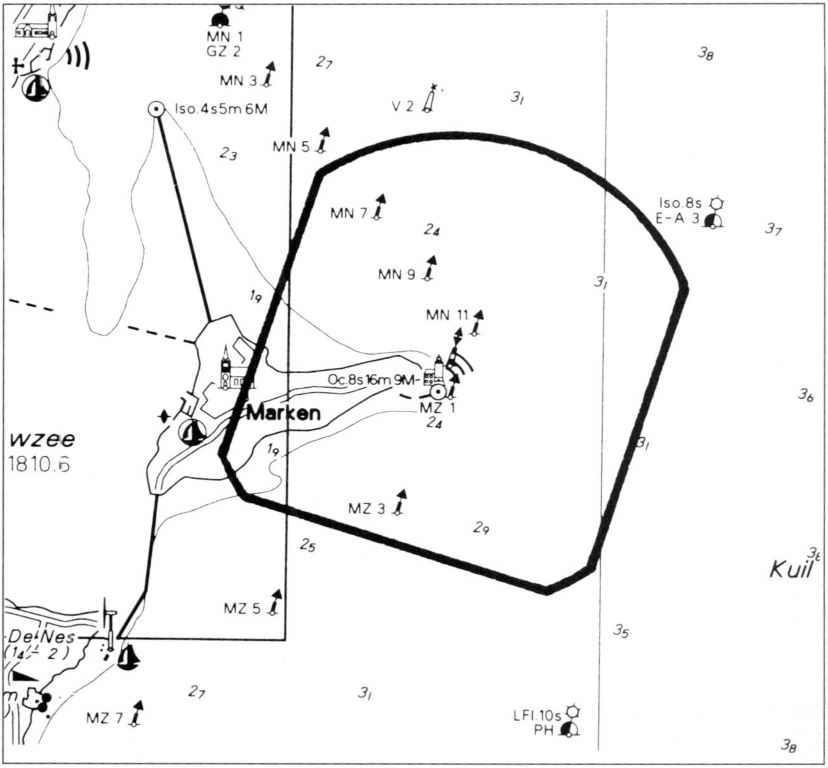

Abb. 35
Mit dem Radarschirmbild von Abbildung 34 korrespondierender Kartenausschnitt (Karte Nr. 1810.2)

Das Wattenmeer bei Den Oever

Abbildung 36 zeigt das Radarbild eines RACAL-DECCA Bridgemasters auf einem Schiff der Wasserschutzpolizei. Die Antennenhöhe betrug etwa 6 m, die Breite der Antenne 1,20 m, der horizontale Öffnungswinkel 2° und der vertikale Öffnungswinkel 24°, und die Antenne drehte sich mit 28/min. Das Wetter war schlecht, Wind mit 6 bis 7 Bft aus westlicher Richtung, Schauer. Das Polizeiboot fuhr durch das Fahrwasser Visjagersgaatje. Die Betonnung ist auf dem Bildschirm deutlich zu erkennen.

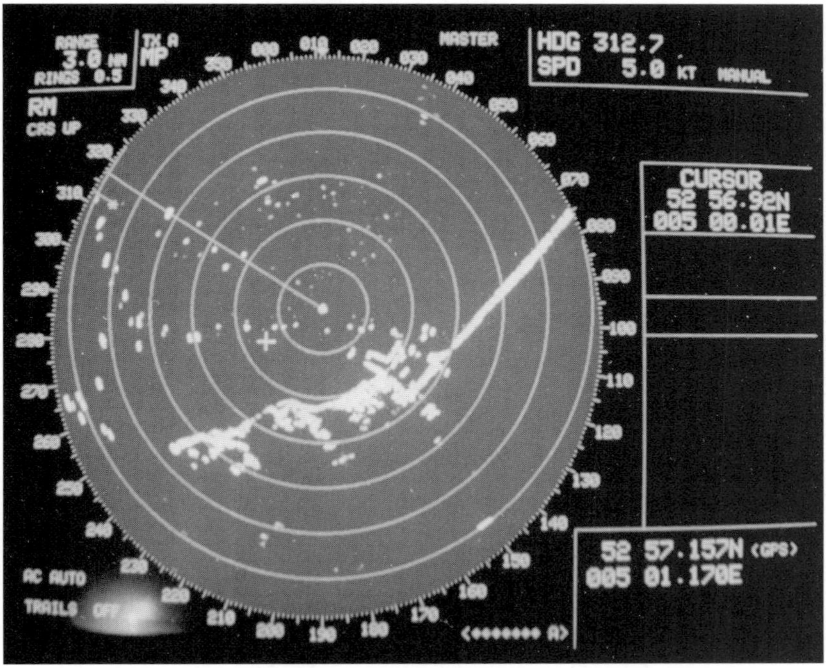

Abb. 36 Radarschirmbild von Den Oever; Entfernung 3,0 sm; Dezentrierung

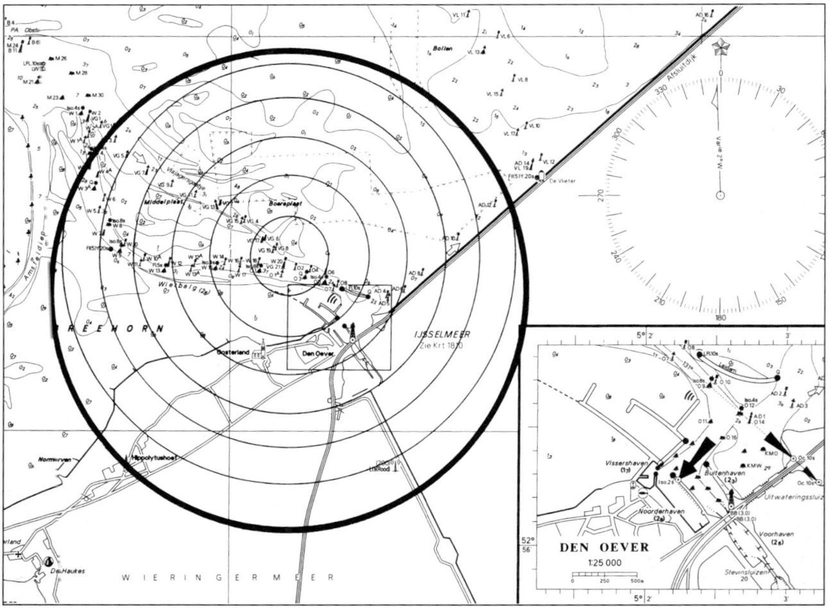

Abb. 37
Mit dem Radarschirmbild von Abbildung 36 korrespondierender Kartenausschnitt (Karte Nr. 1811.3)

Die Westerschelde zwischen Hansweert und Vlissingen

Abbildung 38 zeigt das Radarbild eines Flußradars, eines RACAL-DECCA RR 2050MT auf einem Schiff der Wasserschutzpolizei. Die Antennenhöhe betrug etwa 6,50 m, die Breite der Antenne betrug 1,80 m, der horizontale Öffnungswinkel 1,2° und der vertikale Öffnungswinkel 25° und die Antenne drehte sich mit 28–32/min. Die benutzte Wellenlänge betrug 3,2 cm (X-Band). Das Wetter war schlecht, es wehte mit Windstärke 6 aus West, vereinzelt fielen Schauer. Mit einem Flußradar lassen sich Einzelheiten von Objekten besser erkennen als mit einem Seeradar. An Bord unserer Yachten haben wir jedoch nur Mini-

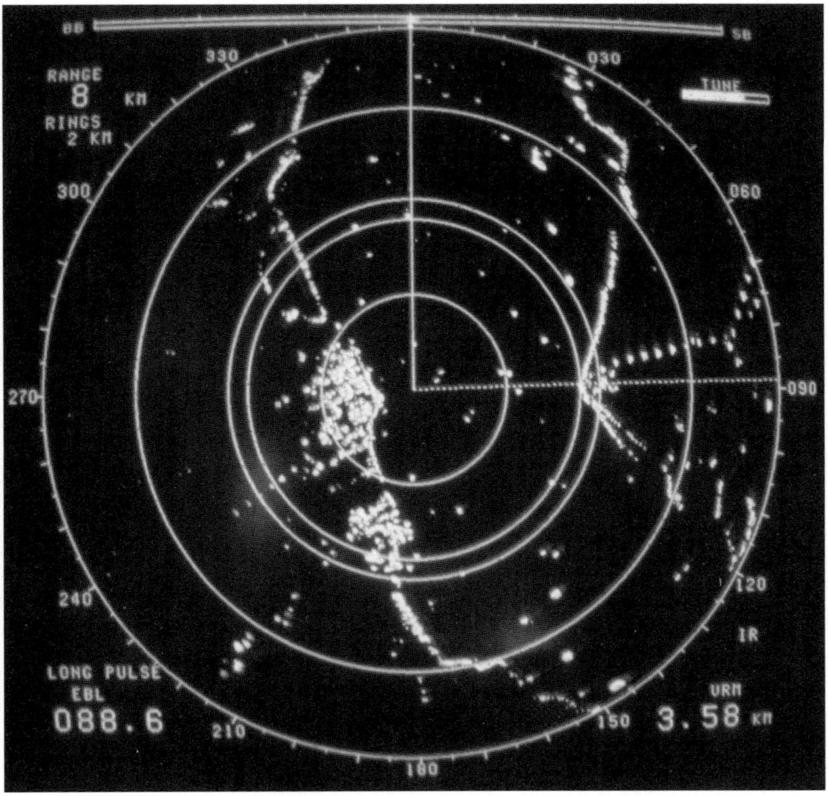

Abb. 38
Radarschirmbild vom Gebiet zwischen Terneuzen und Ellewoutsdijk; vorausstabilisiert, Entfernung 8 km, EBL auf der Landspitze von Süd-Beveland bei Ellewoutsdijk

Seeradar. Verständlich, daß man also mit dem eigenen Radar niemals die Qualität dieser Bildwiedergabe erreichen kann. Auch wird die Reichweite beim Flußradar nicht in Seemeilen, sondern in Kilometern angegeben. Es liegt ferner auf der Hand, daß ein Flußradar keine nordstabilisierte, sondern nur die vorausstabilisierte Darstellung besitzt.

In Abbildung 38 liegt Terneuzen Bb achtern, während Bb vorn die Einfahrt von Braakmanhaven liegt. Achten Sie auf die Sandbank „Middenplaat" zwischen Terneuzen und Ellewoutsdijk, in der Seekarte Abb. 39. Obwohl bei Niedrigwasser die Sandbank trockengefallen war, ist sie auf dem Bildschirm nicht zu erkennen. Hingegen ist die Hochspannungsleitung auf Zuid-Beveland („Perlenkette" in ca. 80° auf dem Schirm) gut zu sehen.

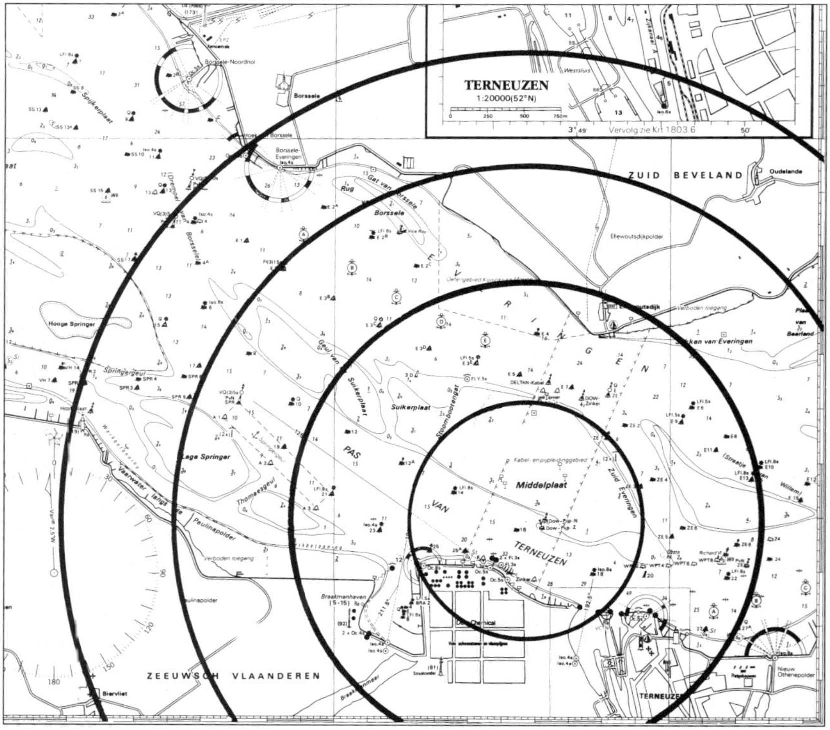

Abb. 39
Ausschnitt aus der Seekarte von der Westerschelde zwischen Terneuzen und Ellewoutsdijk (Karte Nr. 1803.2)

Radarleitsystem

Zum Abschluß dieser Serie von Radarbilddarstellungen ein Bild, das vom Verkehrsleitsystem Hansweert stammt (Abb. 40). Es unterscheidet sich in vielerlei Hinsicht von den Schirmbildern, die Yachtradars liefern.
Zunächst einmal wird hier mit Radaranlagen sehr viel höherer Auflösung gearbeitet, womit mehr Einzelheiten sichtbar gemacht werden können. Darüber hinaus erscheinen auf dem Bildschirm sogenannte *Masken*: Abbildungen von Fahrrinnen oder Tonnenstrichen, die auf den Radarschirm projiziert werden.

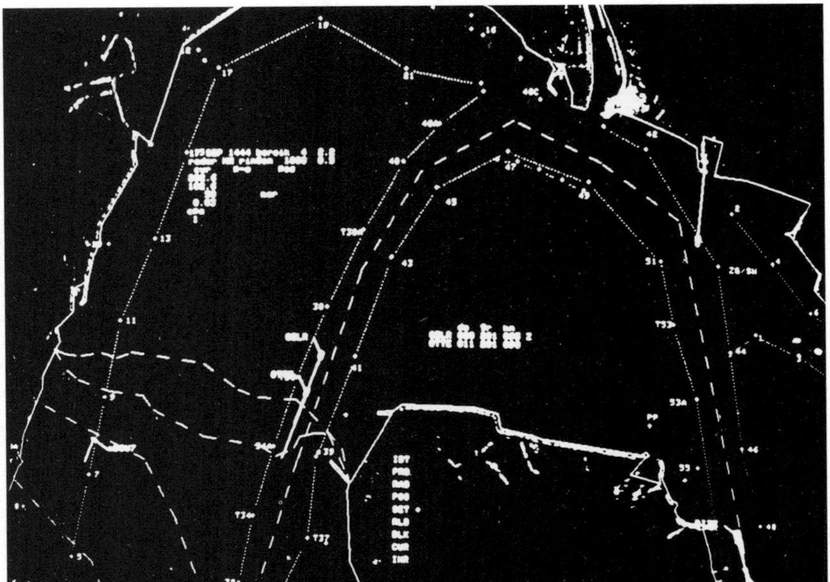

Abb. 40
Radarschirmbild des Verkehrsleitsystems in Hansweert, Westerschelde, mit der Fähre zwischen Perkpolder und Kruiningen

Sie erleichtern dem Verkehrsleiter die Lokalisierung einzelner Schiffe. Obendrein hat er die Möglichkeit, bestimmte Echos mit einem „Etikett" *(label)* zu versehen. Dabei kann es sich beispielsweise um die gespeicherten Daten eines Schiffes handeln: Größe, Geschwindigkeit, Tiefgang, gefährliche Ladung usw. In Abbildung 40 erkennt man die Namen „Otte" und „Gelr" (im Druck allerdings nicht mehr), beides im Fahrwasser stehende Frachtschiffe. Der Aufstellungsort des Radars befindet sich am Ausgang des Kanals durch Zuid-Beveland und wird durch den hellen Fleck rechts oben markiert. Die kurzen Striche, die aus den Echos ragen, sind Bewegungsvektoren von Schiffen. Anhand der vorausgegangenen Ortsveränderungen werden die zukünftigen Bewegungen vorhergesagt. Wenn sich die Verlängerungen zweier solcher Linien kreuzen, besteht Kollisionsgefahr. Rechts oben in der Abbildung erkennt man die „Fähre von Kruiningen nach Perkpolder", die die Westerschelde fast schon überquert hat. Die Vektorlänge entspricht einer Zeit von 3 Minuten, so daß man aus der Länge ableiten kann, daß die Fähre in 3 Minuten im Fährhafen sein wird (selbstverständlich unter der Voraussetzung, daß Kurs und Geschwindigkeit gleich bleiben).

3 Navigieren mit Radar

Peilen mit Radar

Radar ist ohne Zweifel eine nützliche Hilfe bei der Küstennavigation. Dennoch oder gerade deshalb müssen Sie als Yachtskipper auf einige Dinge achten, die beim Navigieren mit Radar zu Fehlern führen können. Einige dieser Fehlerquellen sind bereits erwähnt worden, sollen aber der Deutlichkeit halber nochmals genannt werden.

- Mit Radar gepeilte Objekte müssen genau mit ihren Positionen in der Seekarte übereinstimmen.
- Flachküsten liefern kein gutes Echo.
- Hochgelegene Teile einer Küste erscheinen früher auf dem Bildschirm als niedrige.
- Auf große Entfernung sind nahe beieinander liegende Objekte nicht immer zu unterscheiden.
- Peilungen können durch das breitere Abbilden eines Objekts ungenau sein (siehe Abb. 10).

Im folgenden Beispiel wird mit der vorausstabilisierten Darstellung gearbeitet, um zu erläutern, wie mit dieser Bildschirmdarstellung Radar-Peilungen in Kartenpeilungen umgewandelt werden. Für die Durchführung von Peilungen ist diese Darstellung nicht besonders empfehlenswert. Eine einwandfreie und stabile Peilung erhalten Sie sicherer und einfacher mit der nordstabilisierten Darstellung.

Abbildung 41 zeigt zwei Landzungen: links eine Insel und rechts einen Festlandvorsprung, ein Kap. Dieses ist etwas tückisch, weil vor der eigentlichen Steilküste niedrige Felsen aus dem Wasser ragen.

Wenn die Landzungen in den Radarbereich geraten, liegt es auf der Hand, eine Kreuzpeilung für die Ortsbestimmung auszuführen. Hierfür wird der Peilstrich (EBL) auf die Landzungen gelegt (die Vorauslinie weist nach 0°, der

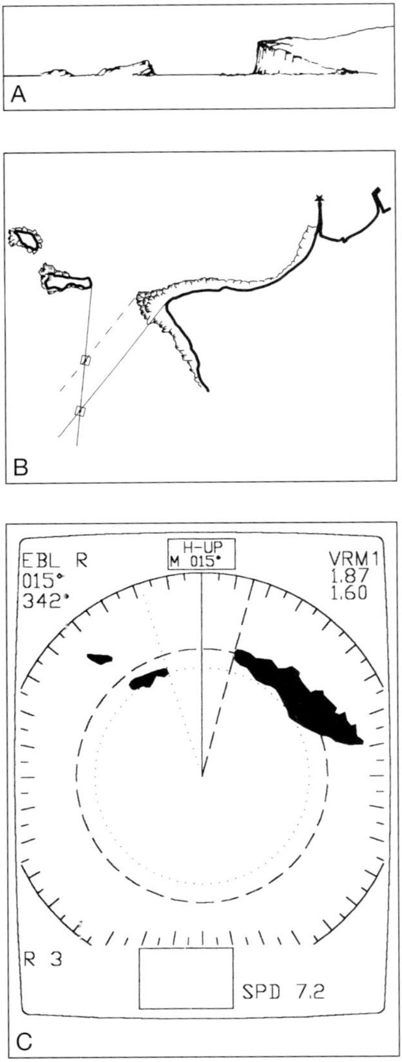

Kompaßkurs beträgt 15°, die Mißweisung −5° und die Ablenkung ist 0). Angenommen, die Radarpeilungen betragen gegenüber der Vorauslinie 342° und 15°. Nach der Kursverwandlung des Kompaßkurses von 15° in den wahren Kurs von 10° erhält man die rechtweisenden Peilungen: 342° + 10° = 352° und 15° + 10° = 25°. Die damit ermittelte Position ist in der Abbildung 41b eingezeichnet. Es ist jedoch durchaus möglich, daß eines der Landechos, die auf dem Bildschirm sichtbar werden, nicht mit der Wirklichkeit übereinstimmt. Wahrscheinlich ist die Peilung nach Steuerbord auf den hohen Teil der Küste ausgeführt worden, da diese in großer Entfernung viel früher vom Radar erfaßt wird als die tiefer gelegene Küstenlinie, insbesondere wenn die Küste langsam ansteigt. Daher kann die durch Radarpeilung erhaltene Position erheblich von der wirklichen Position abweichen.

Abb. 41
Kreuzpeilung mit Radar; (A) wirkliche Situation, (B) Kartenausschnitt, (C) Radarschirmbild; vorausstabilisiert

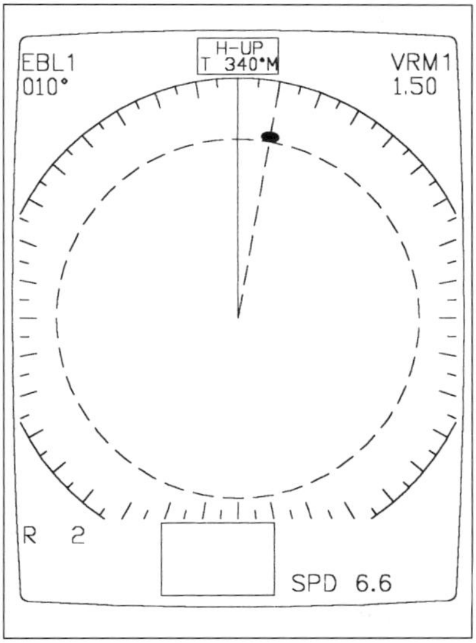

Abb. 42
Radarpeilung einer Tonne

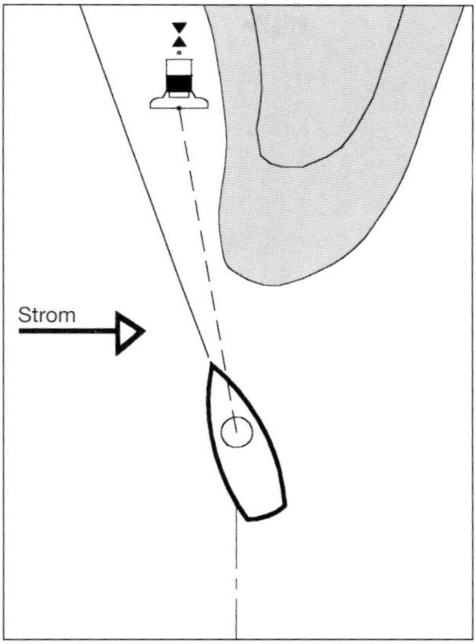

Abb. 43
Wirkliche Situation; nach Ost setzender Strom

Erst wenn beide Küstenteile, der obere Rand der Steilküste und die niedrige Küstenlinie innerhalb der Reichweite des Radars liegen, erhält man eine genaue Position.

Eine weitere Fehlerquelle kann durch Stromversetzung entstehen. Eine Sandbank soll an ihrer Westseite passiert werden. Die Bank wird von einer Tonne markiert (Abb. 42).

Der wahre Kurs beträgt 340°, mit dem wegen des Stromes ein Kurs über Grund von 0° gefahren worden ist. Nach einiger Zeit wird die Sicht schlechter und es wird öfter ein Blick auf den Radarbildschirm geworfen (Abb. 42). Das Echo ist die Tonne. Zunächst könnte man denken: keine Gefahr, die Tonne und damit die Sandbank bleiben an der richtigen Seite. Bei genauerem Hinsehen stellt sich die Situation jedoch anders dar: Die Peilung des Objekts ergibt eine

Entfernung von 1,5 sm und eine wahre Peilung von 340° + 10° = 350°. Weil die falsche Interpretation des Radarbildes von Abbildung 43 den nach Ost setzenden Strom nicht berücksichtigt, droht Gefahr, auf die Sandbank zu laufen. Sogar ein noch westlicherer Kurs könnte dem Skipper vorgaukeln, daß er die Tonne an der sicheren Seite passieren wird. Aus diesem Grund muß eine Radarpeilung immer in der Karte beziehungsweise auf einem Koppelblatt *(plottingsheet)* ausgearbeitet werden. Erst dann wird erkennbar, ob der Kurs sicher ist.

Radarantwortbaken

Bei der Navigation mit Radar braucht man sich nicht auf sichtbare Landmarken oder Tonnen zu beschränken, sondern man kann sich der sogenannten

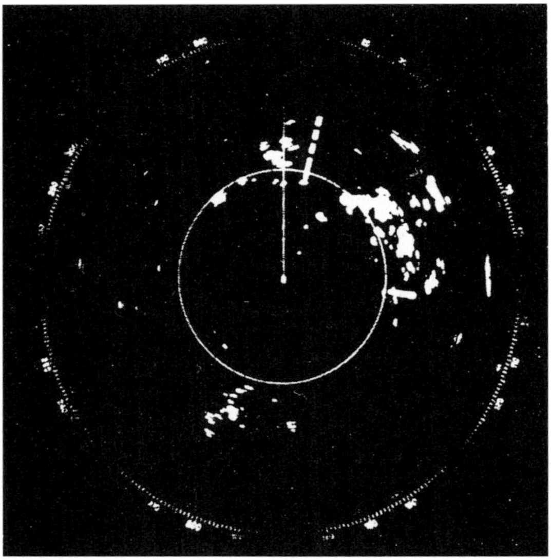

Abb. 44 Racon-Signal auf dem Radarschirm

(1) No	(2) Type	(3) Name	(4) Lat	Long	(5) Sector	(6) Approx range	(7) Form of flash
BELGIUM AND NETHERLANDS							
351	3 & 10 cm*	**Wandelaar Lt MOW 0**	51°23'·70N	03°02'·80E	360°	**10M**	**W**
353	3 & 10 cm*	**Bol Van Heist Lt MOW 3**	51°23'·43N	03°11'·98E	360°	**10M**	**H**
355	3 & 10 cm*	**Keeten B Lt By**	51°36'·40N	03°58'·12E	360°		**K**
357	3 & 10 cm*	**Zuid Vilije Lt By ZV11/SRK 4**	51°38'·23N	04°14'·56E	360°		**K**
359	3 & 10 cm*	**Noord Hinder Lt By NHR-SE**	51°45'·50N	02°40'·00E	360°	**10M**	**N**
361	3 & 10 cm*	**Noord Hinder Lt V**	52°00'·15N	02°51'·20E	360°	**12–15M**	**T**
363	3 cm	**Noord Hinder Lt By NHR–N**	52°13'·30N	02°59'·50E	360°	**10M**	**K**
365	3 cm	**Schouwenbank Lt By**	51°45'·00N	03°14'·40E	360°	**10M**	**0**
367	3 & 10 cm*	**Goeree Lt**	51°55'·53N	03°40'·18E	360°	**12–15M**	**T**
369	3 & 10 cm*	**Maas Centre Lt By MC**	52°01'·18N	03°53'·57E	360°	**10M**	**M**
371	3 & 10 cm*	**Rijn Field Platform P15–B**	52°18'·48N	03°46'·72E	030°–270°	**12–15M**	**B**
373	3 & 10 cm*	**IJmuiden Lt By**	52°28'·70N	04°23'·93E	360°	**10M**	**Y**
375	3 & 10 cm*	**Texel Lt V**	52°47'·10N	04°06'·60E	360°	**12–15M**	**T**

Abb. 45
Kopie aus dem MacMillan Nautical Almanac. In anderen Veröffentlichungen kann die Reihenfolge variieren. (Copyright British Crown, Admiralty List of Radio Signals)

RACONs (RAdar beaCON) bedienen. Dies sind Seezeichen mit einem Radarsender, der angeregt wird, ein Radarsignal mit der gleichen Frequenz auszusenden, wie der Radarstrahl, von dem er getroffen wird. Man kann also von einem aktiven Echo sprechen, das mit einer sehr geringen Verzögerung eintrifft. Das Racon-Echo erzeugt auf dem Bildschirm ein aus Strichen und Punkten zusammengesetztes und zum Mittelpunkt gerichtetes, sehr deutliches Zeichen. Es hat meistens eine Kennung in Form eines Morsebuchstabens. So ist in der Abbildung 44 das „B" (-···) erkennbar. Die sich klar abhebende Strich-Punkt-Linie liefert sowohl eine zuverlässige Peilung als auch die genaue Entfernung zu diesem Seezeichen. Am zum Mittelpunkt hin gerichteten Ende des Signals liegt die Radarantwortbake.
In nautischen Seehandbüchern, wie dem *MacMillan*, werden die Racons mit einer Reihe von Kennzeichnungen aufgeführt (Abb. 45). Hier ist ein Beispiel für eine sehr übersichtliche Darstellung gezeigt. In anderen Veröffentlichungen sind Spalten ausgetauscht oder mit Buchstabenschlüsseln versehen.

Die Spalten (2), (5) und (7) bedürfen einer näheren Erläuterung:
Typ: Entweder „3 cm“ oder „3 & 10 cm“. Damit wird das benutzte Frequenzband angegeben; die meisten Yachtradars arbeiten mit dem 3-cm-Band. Das 10-cm-Band erzeugt zwar ein undeutlicheres Bild, ist aber unempfindlicher gegen Störechos.
Sector: Der Sektor, in dem Signale empfangen werden können; die Sektoren sind als Peilungen zum Seezeichen hin aufzufassen. 360° bedeutet: alle Richtungen.
Form of flash: Der Morsebuchstabe, der auf dem Bildschirm als Strich-Punkt-Linie erscheint.
(In englischen Gewässern ist dies oft nur ein „T“, ein einzelner Strich.)

Kombination des Radars mit anderen elektronischen Ortungsgeräten

Ein Radar wird oft nicht allein benutzt. Mit anderen Worten: Radar ist nur eine der Komponenten des Navigationssystems, mit dem ein Sportboot ausgerüstet sein kann. Insgesamt besteht das System in der Regel aus den folgenden Anlagen:

1 (Elektronischer) Kompaß
2 Log
3 Elektronisches Ortungssystem (GPS, LORAN-C oder DECCA)
4 (Elektronische) Seekarten
5 Radargerät

Abbildung 46 zeigt, wie diese Anlagen miteinander verknüpft werden können. Bei der Anschaffung solcher Anlagen sollte man sich danach erkundigen, ob sie mit anderen Systemen per NMEA-Schnittstelle verbunden werden können. Anlagen mit gleichen NMEA-Schnittstellen sind kompatibel. Wie bereits in Kapitel 2 erwähnt, können auf dem Radarbildschirm der eigene Kurs und die eigene Fahrt sowie Kurs und Fahrt anderer Schiffe angezeigt werden, wenn der eigene Kurs und die eigene Geschwindigkeit vorher in das Radargerät ein-

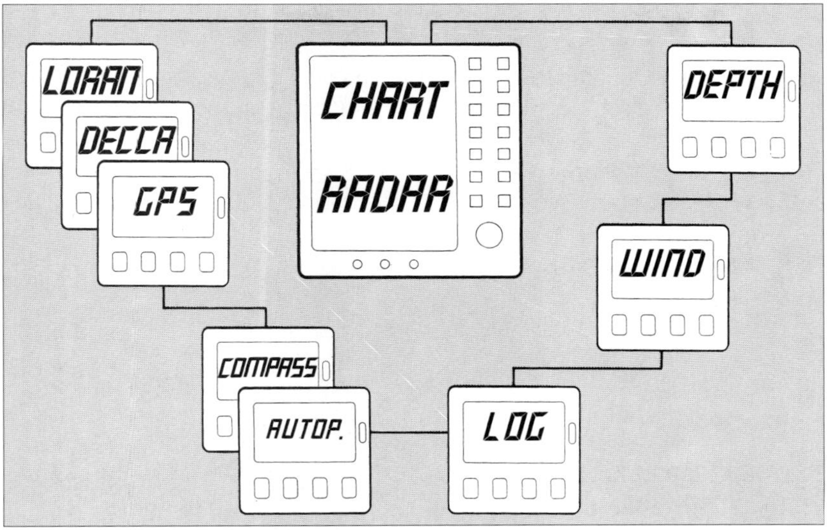

Abb. 46 Kopplung verschiedener Navigationssysteme

gegeben worden sind. Will man nur die Werte „durchs Wasser" anzeigen lassen *(sea-stabilized)*, reicht der Anschluß von Kompaß und Logge aus. Wird jedoch die Bewegung über Grund verlangt *(ground-stabilized)*, müssen diese Werte von einem elektronischen Ortungssystem (z. B. GPS) kommen. Mögliche Interpretationsprobleme, die bei der „grund-stabilisierten" Darstellung auftreten können, werden in Kapitel 4 beschrieben.

Eine Radaranlage wird auch oft zusammen mit einer elektronischen Seekarte verwendet, die häufig jedoch auf einem eigenen Bildschirm abgebildet wird.

Die Abbildung 47 zeigt die Kombination von elektronischer Seekarte und Radar. Bei der Radaranlage handelt es sich um eine FURUNO 1721 mit einem horizontalen Öffnungswinkel von 5,7° und einem vertikalen Öffnungswinkel von 30°. Die Radarantenne (in einem Radome von 40 cm Breite) befindet sich auf einer am Heck aufgestellten Stange in 4 m Höhe. Über ein Autohelm Nav-

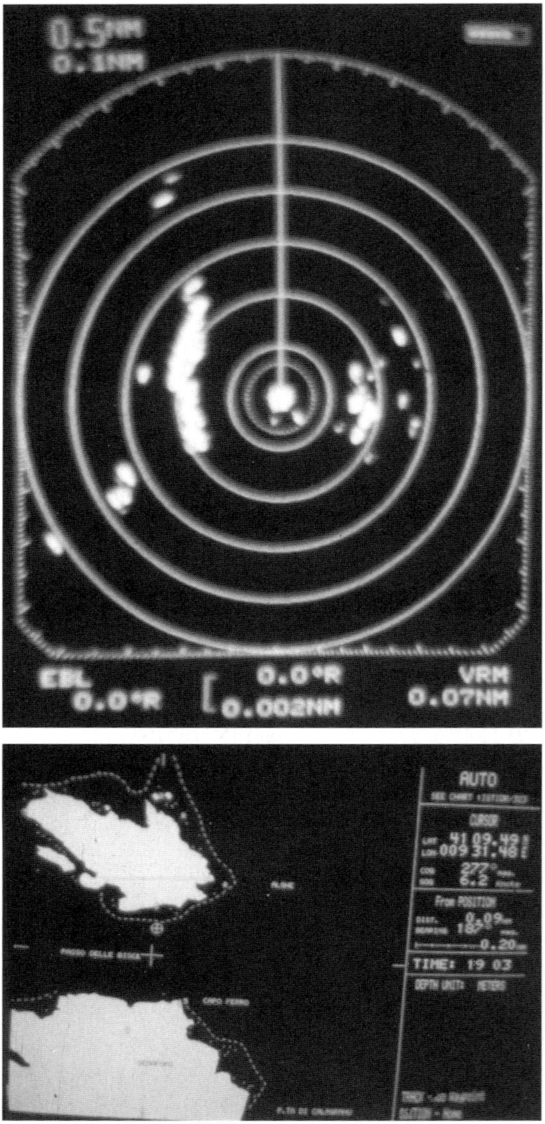

Abb. 47
Radarschirmbild (oben) und elektronische Seekarte (unten); NO-Sardinien; die Cursorposition (+) stimmt mit der Radarposition überein

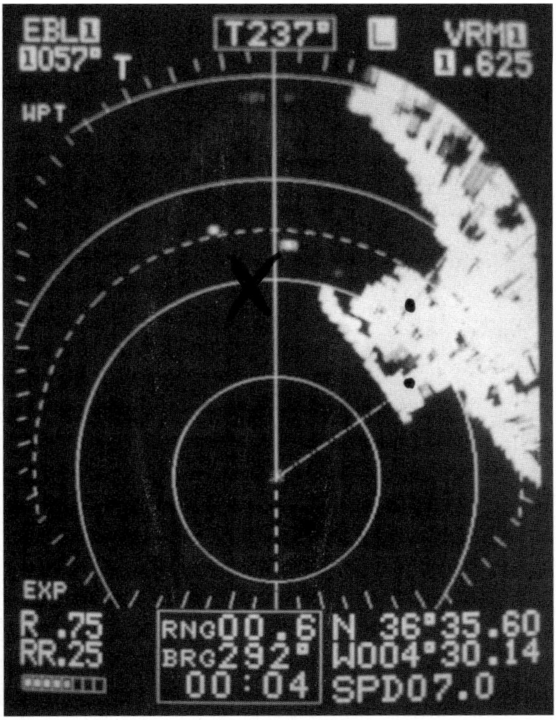

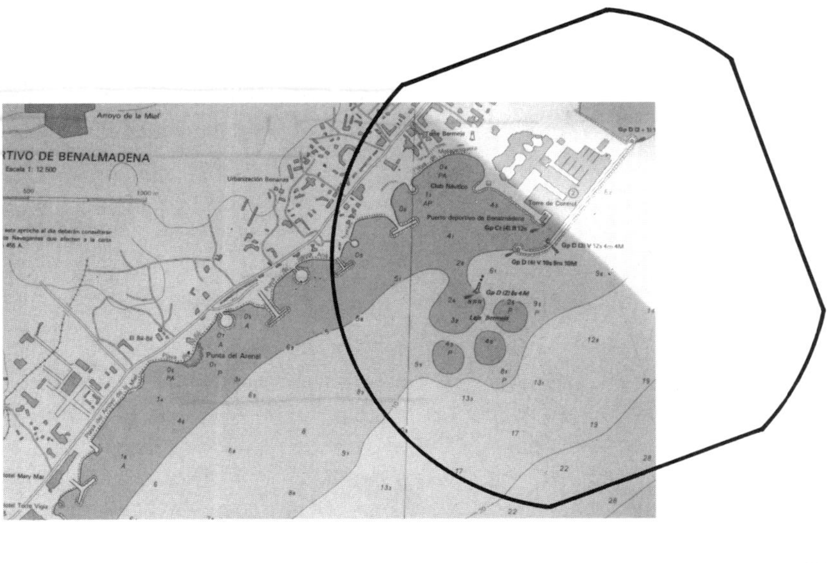

Abb. 48
Radarschirmbild (oben) und Seekartenausschnitt (unten) bei Benalmadena (Spanien)

center 3000 ist das GPS an die elektronische Seekarte angeschlossen. Das gezeigte Revier liegt bei Nordost-Sardinien, de Passo delle Bisce, mit dem Capo Ferro an Bb. Die GPS-Position ist auf der Seekarte mit einem kleinen runden Fleck angegeben, während die Position, die das Radarbild angibt, davon abweicht. Diese ist mit dem Cursor (+) ebenfalls in der Seekarte markiert, sie liegt unterhalb der GPS-Position.
Abbildung 48 zeigt das Radarbild einer Position in Südspanien beim Anlaufen von Benalmadena (in der Nähe von Malaga). Das Radargerät ist ein Raytheon R20 XX-Radar, horizontaler Öffnungswinkel 4°, vertikaler Öffnungswinkel 25°. Die Radarantenne befindet sich in 8 m Höhe. Über ein Autohelm Navcenter ist das Radargerät an einen GPS-Empfänger angeschlossen. Hierdurch kann die Entfernung und der rechtweisende Kurs zum Wegpunkt wiedergegeben werden: RNG: 0,6 sm, BRG: 292°. Die Fahrzeit bis zu diesem Punkt beträgt 00.04 h (die eigene Position liegt also beinahe am Wegpunkt). Rechts unten ist die Position angegeben: N 36°35,60“ und W 004°30,14“. Den Kurs über Grund (T 237°) erhält man auch vom GPS; die Mittelungszeit beträgt 5 Minuten, das heißt, daß eine plötzliche Kursänderung nicht sofort genau wiedergegeben wird.
Das Radarbild steht auf *off-center*. Die Reichweite (R) ist auf 0,75 sm und die Abstandsringe sind auf 0,25 sm eingestellt. Der VRM ist auf 0,625 sm eingestellt. Das ist die Entfernung zu den beiden Echos fast recht voraus. Das rechte Echo ist die Tonne, die auf der Seekarte in der Verlängerung der Hafenmole zu sehen ist. Das linke Echo ist ein Schiff.

Aufgaben

1. Angenommen, die Werte für den eigenen Kurs und die eigene Geschwindigkeit stammen von einem GPS. Werden dabei Kurs und Fahrt durchs Wasser, *sea-stabilized*, oder über Grund, *ground-stabilized*, angezeigt?
2. Welche Darstellungsart ist auf dem Radarschirm zu bevorzugen: die vorausstabilisierte oder die nordstabilisierte Darstellung?

4 Vermeiden von Kollisionen

Objekte in Bewegung

Wie bereits erwähnt, kann Radar zwei Funktionen erfüllen: es kann als *Navigationshilfe* dienen und es kann als Hilfe zur *Vermeidung von Kollisionen* eingesetzt werden. Hierbei denkt man natürlich in erster Linie an das Vermeiden von Zusammenstößen mit anderen Schiffen. Mit Hilfe von Radar festzustellen, ob es zu einer Kollision kommen kann, ist so kompliziert, weil die anderen Schiffe meistens keine unbeweglichen Objekte sind, wie Tonnen und Objekte an der Küste. Sie bewegen sich. Die Bewegungen der anderen Schiffe auf dem Radarschirm sind dann auch *zusammengesetzte* Bewegungen. Die Komponenten dieser Resultierenden: a) Eigenkurs und -geschwindigkeit und b) Kurs und Geschwindigkeit des anderen Schiffes.
Aus diesem Grund werden die Bewegungen auf dem Bildschirm *relative Bewegungen* genannt, zu deren Deutung viel Übung gehört. Einige Fachleute vertreten sogar die Meinung, daß der unsachgemäße Umgang mit Radar Schiffskollisionen eher herbeiführt als verhindert. Dem Neuling wird daher - sowohl die Teilnahme an einem Radarkursus als auch die Benutzung der vorhandenen Simulationssoftware dringend empfohlen.
Beim Delius Klasing Verlag, Bielefeld, sind die PC-Software-Versionen *Ratech*, *Raplot* und *Rasim* erschienen. *Raplot* ist besonders geeignet, die visualisierte Form der Logik des Radarplottens zu erlernen, während bei *Rasim* „gefährliche Begegnungen“ zwischen Schiffen mit den daraus resultierenden Konsequenzen simuliert werden.
In diesem Kapitel wird gezeigt, wie groß der kleinste Abstand zu einem anderen Schiff sein wird und wie man mit Hilfe des Radarbildes Manöver zur Vermeidung drohender Kollisionen oder zum Herstellen eines ausreichenden Sicherheitsabstands planen kann.
Der Radarnavigator hat dabei die Wahl:

a) Kurs und Geschwindigkeit des eigenen Schiffes sind in das Radar eingegeben worden und dieses verfügt über (M) ARPA = (Mini) Automatic Radar Plotting Aid (automatische Radarplotthilfe). Der Cursor wird auf das betreffende Echo gelegt und die Elektronik bestimmt den kleinsten Abstand zum anderen Objekt und den Zeitpunkt, zu dem sich dieser einstellt.
b) Man überträgt die Peilungen anderer Schiffe auf ein *plottingsheet* und leitet daraus den Kurs und die Geschwindigkeit ab. Auf einem schlingernden Schiff ist das nicht immer ganz einfach.
c) Mit Hilfe der Peilungen anderer Echos und durch Verwendung einiger Formeln läßt sich die Fahrt eines anderen Schiffes und sogar der gewünschte Antikollisionskurs bestimmen.

Meist haben Sportschiffer zu wenig Erfahrung mit der Methode c), bleiben also die Möglichkeiten a) und b).
Um die Prinzipien kennenzulernen, auf denen die Ausweichmanöver beruhen, werden im folgenden *plottingsheets* benutzt. Das sind besondere Koppelblätter, auch „Koppelspinnen genannt", auf die das Radarbild übertragen und auf denen Konstruktionen ausgeführt werden können. Bei modernen Radargeräten braucht man diese Blätter vielfach nicht mehr, bei einfachen Radars können sie jedoch gute Dienste leisten. In einigen der folgenden Beispiele haben die *plottingsheets* Unterteilungen von 0 bis 5 sm. Die Reichweite von Radargeräten läßt sich normalerweise einstellen zwischen 0 und 3 sm mit kleinen Zwischenschritten, weiterhin 3, 6, 12 sm usw. Die Einteilung der *plottingsheets* kann man willkürlich wählen.
In den folgenden Ausführungen wird von einem nordstabilisierten Radarbild mit relativer Darstellung *(sea-stabilized)* ausgegangen. In Kapitel 2 ist bereits erwähnt worden, warum die relative Darstellung vorzuziehen ist: Bewegungen anderer Schiffe, die zum Mittelpunkt, dem eigenen Schiffsort, gerichtet sind, befinden sich auf Kollisionskurs. Das sind die Objekte, auf die der Radarnavigator in erster Linie achten muß. Der Einfachheit halber wird außerdem von einem eigenen Kurs von 0° ausgegangen (die Vorauslinie liegt auf 0°). Auch ist in Kapitel 2 bereits gesagt worden, daß für Peilungen ein nordstabilisiertes Radarbild günstiger ist als ein vorausstabilisiertes, weil es sicherere Peilungen ermöglicht.

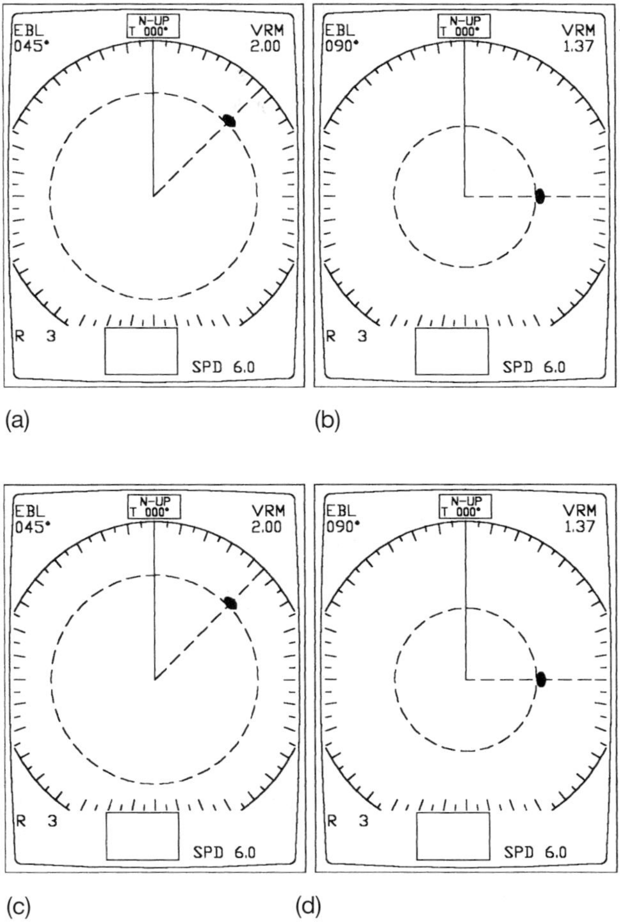

Abb. 49
Passieren einer Tonne (a, b, c); (d) zeigt die Nachleuchtspur auf dem Radarschirm; nordstabilisiert, Kurs 0°

Abbildung 49 zeigt verschiedene Radarbilder beim Passieren einer Tonne: Das Echo der Tonne zieht in einer geraden Linie am Mittelpunkt vorbei. Der Peilstrich weist nacheinander in die Richtungen 45°, 90° und 135°.

Die eigene Position, die in Wirklichkeit in Bewegung ist, wird durch den unveränderlichen Mittelpunkt dargestellt. Die wahrgenommene Bewegung des Objekts ist eine scheinbare und allein der Bewegung des Mittelpunkts zuzuschreiben.
Das Beispiel in Abbildung 50 gibt für drei Zeitpunkte an, wie das Echo eines passierenden Schiffes auf dem Bildschirm erscheint. Der eigene Kurs beträgt 0°. Wenn die Spur des Echos auf dem Bildschirm abgebildet wird, erhält man den relativen Kurs des Schiffes. Dieser relative Kurs fällt nicht mit dem wirklichen Kurs zusammen. Er ist 49° und der wirkliche Kurs ist 19°. Die Abbildung (c) zeigt ein *plottingsheet* mit den einzelnen Radarkontakten.
Zur Bestimmung des rechtweisenden Kurses wird geplottet (oder gekoppelt)*. Hierzu werden eigener Kurs und Geschwindigkeit und die gleichen Werte des anderen Schiffes benötigt. Die Echos auf dem Bildschirm werden in regelmäßigen Abständen auf das *plottingsheet* übertragen. Kurs und Fahrt des anderen Schiffes lassen sich dann mit einer einfachen Konstruktion ermitteln. Viele moderne Yachtradars vereinfachen die Bestimmung des relativen Kurses eines anderen Schiffes dadurch, daß sie die Echos mit einem Vektor (einem Pfeil) versehen. Das Ende des Vektors gibt dann die voraussichtliche Position nach einem vorgegebenen Zeitraum an: die *vector length*. Werden dabei Kurs und Fahrt des eigenen Schiffes eingegeben, kann auch der rechtweisende Kurs des anderen Schiffes festgestellt werden. Das ändert jedoch nichts am Prinzip der Kursbestimmung.

Die folgenden Radarpeilungen werden gemacht:
1. Peilung 60° Stb., Entfernung 4 sm, Zeit 10.00 h (A)
2. Peilung 40° Stb., Entfernung 3 sm, Zeit 10.12 h (B)

Beim Mitplotten hat es sich als praktisch erwiesen, in Zeiträumen von 6 Minuten zu rechnen, das ist jeweils eine Zehntelstunde.

* *Eine unerläßliche ausführliche Einführung und Einübung ins Plotten enthält das Buch von W. Beeck „Radar-Plotting mit Übungen und Aufgaben“ (Delius Klasing Verlag).*

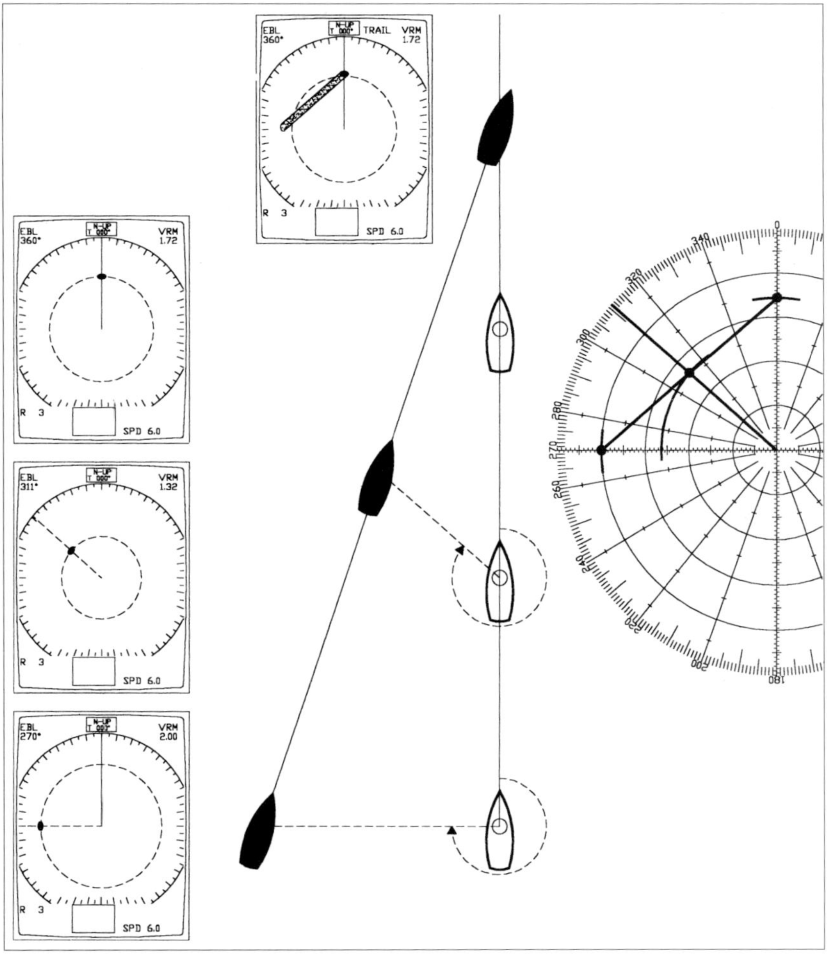

Abb. 50
Passierendes Schiff; nordstabilisiert, relative Anzeige; Kurs 0°; (a) Echos auf dem Radarschirm, (b) wirkliche Situation, (c) Koppelspinne (plottingsheet) und (d) Spur auf dem Radarschirm

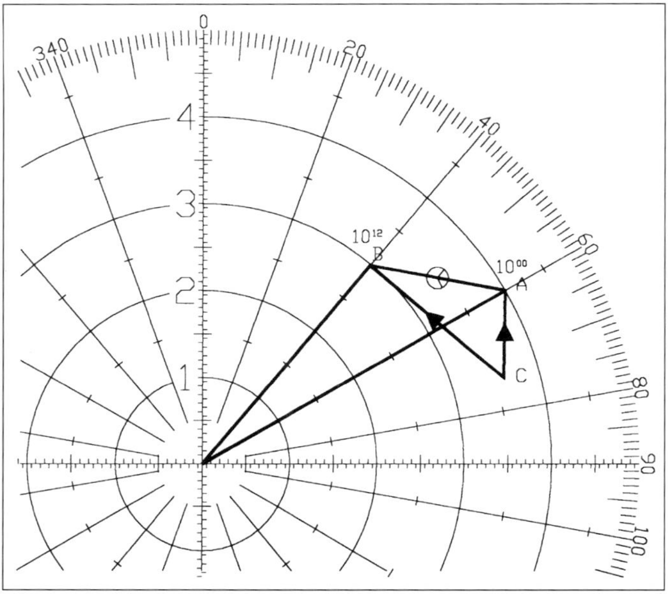

Abb. 51 Plotten zweier Radarpeilungen

Die Linie AB stellt die relative Bewegungsspur des Objekts dar. Werden jetzt in das *plottingsheet* Eigenkurs und -geschwindigkeit, also die eigene Bewegungsspur, eingetragen, läßt sich daraus der Kurs und die Geschwindigkeit des anderen Schiffes ableiten. Dazu trägt man in A (1. Peilung) den eigenen Kurs und die eigene Geschwindigkeit in entgegengesetzter Richtung an und erhält die Linie AC, parallel zur Vorauslinie. Länge und Richtung der Linie CB ergeben den Kurs und die Fahrt des anderen Schiffes. Hat das andere Schiff in 12 Minuten die Strecke CB zurückgelegt (z. B. 2 sm), ist die Geschwindigkeit dieses Schiffes fünf Mal so groß wie auf dem *plottingsheet* also 5 × 2 sm = 10 sm; 12 Minuten sind ein Fünftel einer Stunde.

Die Abbildung zeigt deutlich, daß die relative Bewegung die Resultierende zweier Bewegungen ist, nämlich der eigenen Bewegung und der des anderen

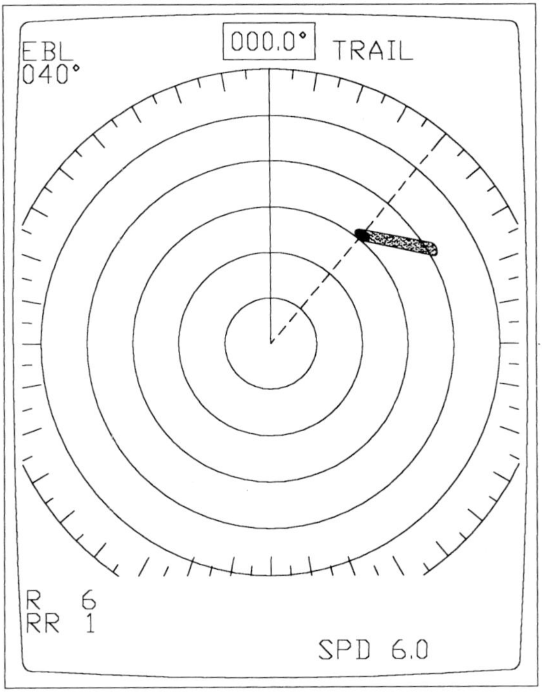

Abb. 52
Nachleuchtspur auf dem Radarschirm im Moment der zweiten Peilung; nordstabilisiert, relative Anzeige, Kurs 0°

Schiffes. (Zeichnen Sie selbst das Parallelogramm der Bewegungsvektoren ein, um die Resultierende zu erhalten.)
Abbildung 52 zeigt die Spur des anderen Schiffes, wie diese auf einem modernen Radarschirm aufgezeichnet wird.
In den bisherigen Beschreibungen wird immer von „das andere Schiff" gesprochen und auch der Ausdruck *target* wurde schon verwendet. Bei dieser Gelegenheit soll auch der Begriff *aspect* eingeführt werden.
Target: Ein Echo auf dem Radarschirm, das nicht durch das eigene Schiff hervorgerufen wird, sondern ein unbewegliches oder ein sich bewegendes Objekt, dessen Entfernung und Peilung festgestellt wird.

Aspect: Die Bordpeilung, mit der das eine Schiff das andere „sieht“. Mit anderen Worten: der Winkel zwischen der Kiellinie des anderen Schiffes und der Sichtpeilung des eigenen Schiffes. Diesen *aspect* drückt man aus in „rot“ oder „grün“, je nach der Schiffsseite, auf die man vom eigenen Deck aus blickt. Wenn ein anderes Schiff den eigenen Kurs von Steuerbord nach Backbord kreuzt, ist der „rote *aspect*“ sichtbar, nach der Farbe des Positionslichts, das man dann sehen könnte. Wenn sich die Kurse zweier unter Maschine fahrenden Schiffe auf Kollisionskurs kreuzen, hat das Schiff, das man unter dem „roten *aspect*“ sieht, Wegerecht.

Kollisionskurs

Angenommen, um 12.00 h wird ein Schiff auf 60° (wohlgemerkt: 60° relativ zum eigenen Kurs) und in einer Entfernung von 4 sm gepeilt. Die Peildaten werden auf das *plottingsheet* übertragen (Abb. 53). Um 12.12 h ist die Peilung unverändert 60°, aber das Objekt ist nähergekommen, beispielsweise um 2 sm und befindet sich jetzt 2 sm entfernt. Die Peilung mit dem Peilstrich ist also gleich geblieben, jedoch die Entfernung hat sich verringert. Auch diese zweite Peilung wird in das *plottingsheet* übernommen. Zieht man eine Linie von der ersten durch die zweite Position und verlängert sie, wird man erkennen, daß sie durch den Mittelpunkt läuft. Das eigene und das andere Fahrzeug liegen auf Kollisionskurs.
Diese Situation ist aus der Sichtnavigation bekannt: Steht die Peilung eines anderen Schiffes längere Zeit, heißt es aufgepaßt – Kollisionskurs! Mit Radar läßt sich dies auch feststellen, vorausgesetzt, daß man das Objekt eine Zeitlang beobachtet und mitplottet oder daß der Peilstrich (EBM) auf das betreffende Echo gelegt wird. Auf modernen Radarbildschirmen läßt sich auch der Bewegungsvektor eines Objekts ablesen. Aus der Richtung des Bewegungsvektors erkennt man, ob sich eine Kollision anbahnt. Im übrigen beachte man, daß Peilungen auf kurze Entfernung unzuverlässig sein können, da das Echo sehr groß wird.

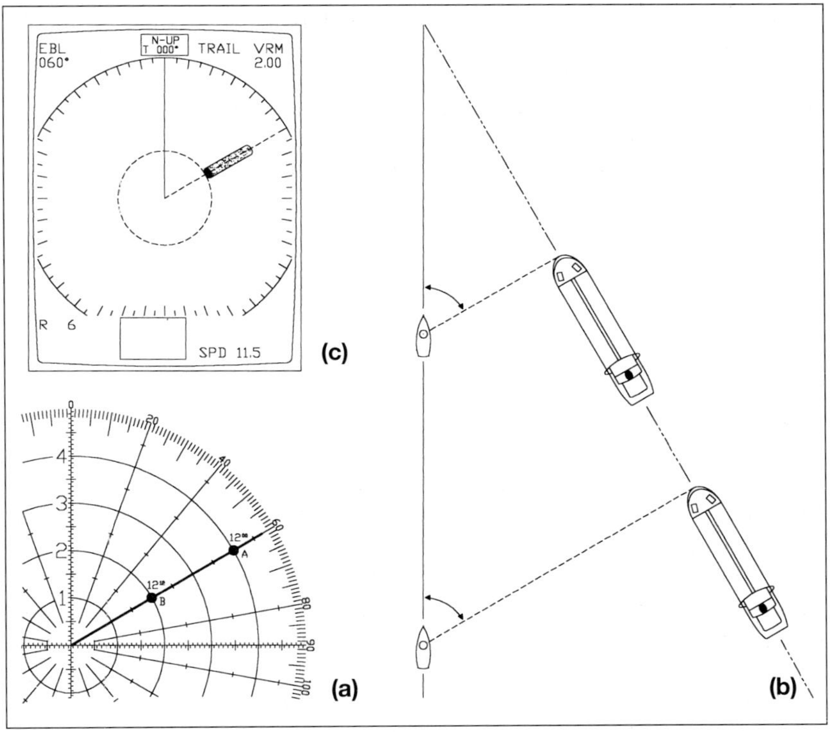

Abb. 53
(a) Kollisionskurs auf dem Plottingsheet, (b) in Wirklichkeit und (c) an Hand der Nachleuchtspur des Echos auf dem Radarschirm; nordstabilisiert, relative Anzeige, Kurs 0°

Liegen ein Objekt und das eigene Schiff nicht auf Kollisionskurs (Abb. 54), erhalten die folgenden Begriffe Bedeutung:

Closest Point of Approach (CPA): Der (voraussichtliche) kürzeste Passierabstand zwischen einem *target* und dem eigenen Schiff.

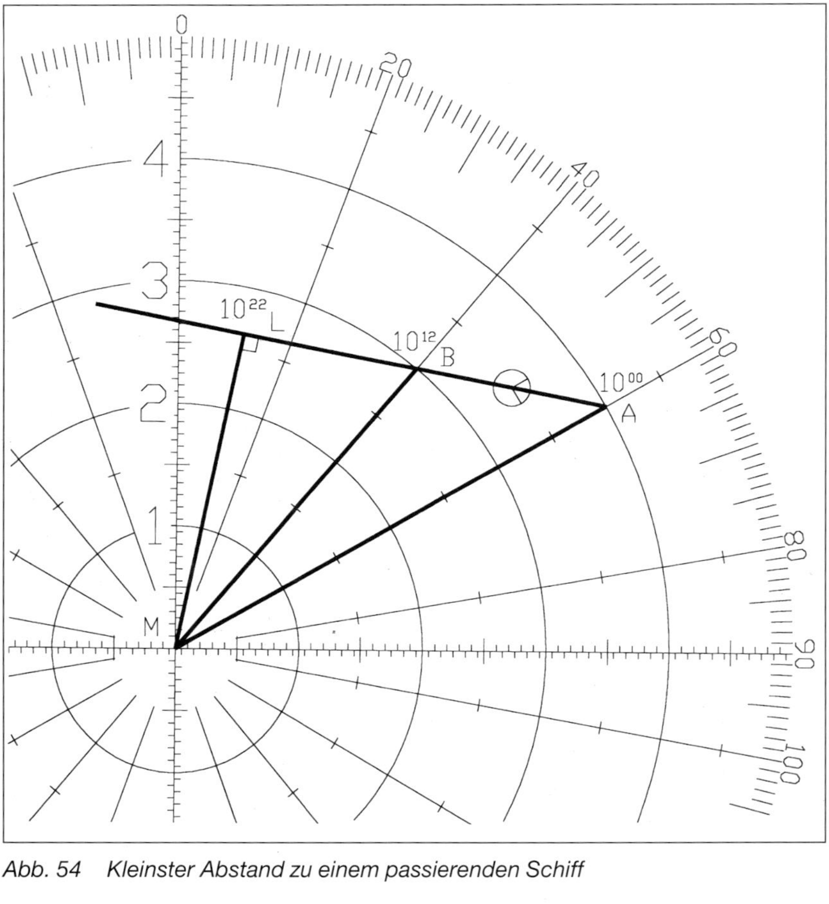

Abb. 54 Kleinster Abstand zu einem passierenden Schiff

Time of Closest Point of Approach (TCPA): Der Zeitpunkt, an dem der kürzeste Abstand erreicht sein wird.
Sowohl der CPA als auch die TCPA lassen sich entweder durch Konstruieren auf dem *plottingsheet* ermitteln oder vom Bildschirm ablesen. Eine wichtige

Voraussetzung hierfür ist allerdings, daß Kurs und Geschwindigkeit des eigenen und des anderen Schiffes gleich bleiben.
Zunächst wird der kürzeste Passierabstand (CPA) ermittelt. Dazu wird die Linie durch die erste und zweite Position des Objekts verlängert und die Senkrechte *ML* auf diese Linie durch den Mittelpunkt gezeichnet. Die Länge dieser Senkrechten ist der CPA, der sich ergeben wird, vorausgesetzt, daß *beide Schiffe Kurs und Fahrt beibehalten*. Im gezeigten Beispiel beträgt der CPA gut 2,5 sm.
Damit läßt sich jetzt die TCPA einfach ermitteln. Wenn zwischen der ersten und zweiten Peilung 1,7 sm liegen, beträgt die Annäherungsgeschwindigkeit 1,7 sm geteilt durch 12 min. Von der ersten Peilung bis zum CPA beträgt der Abstand 3,1 sm, der also in (3,1:1,7) × 12 min, also in 21,9 min zurückgelegt wird. Um (abgerundet) 10.22 h wird der kürzeste Passierabstand erreicht.
Es ist durchaus möglich, daß der CPA als Sicherheitsabstand zu gering ist, denn beispielsweise eine Viertelseemeile zu einem Frachter ist wahrhaftig nicht viel. In einem solchen Fall muß aufgrund der Radarinformation ein Ausweichmanöver eingeleitet oder bei unverändertem Kurs die eigene Geschwindigkeit geändert werden. Unter Segel liegt die erste Möglichkeit auf der Hand.

Automatisch plotten: ARPA und MARPA

Das Mitplotten mit Bleistift und Papier kostet viel Zeit und verlangt vom Navigator eine große Genauigkeit. Glücklicherweise haben die Radargerätehersteller das erkannt und automatische Plottverfahren in ihre Geräte eingebaut. Das Ablesen des CPA oder der TCPA ist damit ein Kinderspiel geworden. Dieses automatische Verfahren heißt Mini Automatic Radar Plotting Aid MARPA (automatische Radarplotthilfe), es liefert:

- *Bewegungsvektoren* auf dem Bildschirm, Linien, die von den *target*-Echos in die Richtung ihres relativen oder wahren Kurses verlaufen. Ihre Länge ist der Geschwindigkeit proportional. Das Ende eines Bewegungsvektors stellt

die voraussichtliche Position eines Objekts dar, und zwar relativ gegenüber dem eigenen Schiff. Die Vorhersage bezieht sich auf den Zeitpunkt nach Verstreichen der Vektorzeit, die meistens auf 6 min eingestellt wird (Abb. 55).
- *Kurs und Geschwindigkeit des Zielechos* in Grad und Knoten.
- *Ablesen des CPA* (Closest Point of Approach) *und der TCPA* (Time of Closest Point of Approach).

ARPA (ohne das M von „Mini") bietet noch mehr Möglichkeiten, wie beispielsweise welchen Effekt Ausweichmanöver haben werden. Allerdings wird auf Sportbooten bisher nur MARPA eingesetzt. Für die Darstellung der Bewegungsvektoren gibt es zwei Arten: *relativ* und *wahr*. Bei der relativen Darstellung wird das eigene Schiff nicht durch einen Bewegungsvektor angegeben, sondern nur durch einen feststehenden Punkt, während bei der wahren Darstellung das eigene Schiff durch einen solchen Strich mit Anfang und Richtung angegeben wird. Der Mittelpunkt des Bildschirms bewegt sich dabei „maßstäblich". Für die relative Darstellung ist es notwendig, vorher die Eigengeschwindigkeit durchs Wasser einzugeben, während für die wahre Darstellung zusätzlich der rechtweisende Kurs eingegeben werden muß.

Ein Beispiel soll dies veranschaulichen:
Eigengeschwindigkeit und Kurs betragen 5 kn und 135°.
Die beiden Bildschirmdarstellungen Abbildung 55 und 56 zeigen die relative und die wahre Darstellung der obigen Daten. Für die relative Darstellung ist *head-up* (vorausstabilisiert) und für die wahre Darstellung ist *north-up* (nordstabilisiert) gewählt worden. Letzteres ist sinnvoll, weil die Eigenbewegung in der richtigen Richtung dargestellt wird. Das eigene Schiff wird ja bei der relativen Darstellung als Mittelpunkt des Bildschirms und bei der wahren Darstellung als Bewegungsvektor wiedergegeben. Im Beispiel soll die Bewegung des eigenen Schiffes mit Kurs und Geschwindigkeit auf dem Bildschirm erkennbar sein. Zu beachten ist hierbei, daß bei manchen Radargeräten die Einstellungsmöglichkeit TRUE VECTORS die Schiffsbewegung über Grund beinhaltet. Grundsätzlich braucht das nicht der Fall zu sein. In der wahren Darstellung kann man *sea-stabilized* oder *ground-stabilized* wählen, wenn die

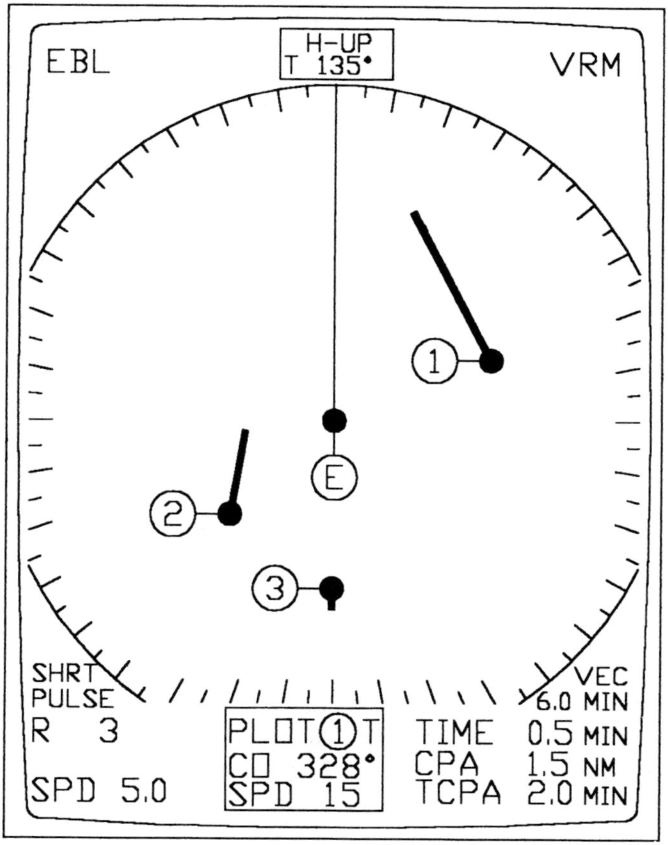

Abb. 55 Relative Darstellung, vorausstabilisiert; E = eigenes Schiff, 1, 2 und 3 sind die Echos dreier Objekte

betreffende Radaranlage hierzu die Möglichkeit bietet. Da viele Radargerätehersteller davon ausgehen, daß die Kurs- und Geschwindigkeitswerte von einer GPS-Anlage zuverlässiger sind als von Log und Fluxgate-Kompaß, ist die wahre Darstellung *(true-display)* oft an die „Über-Grund-Darstellung" *(ground-stabilized-display)* gekoppelt.

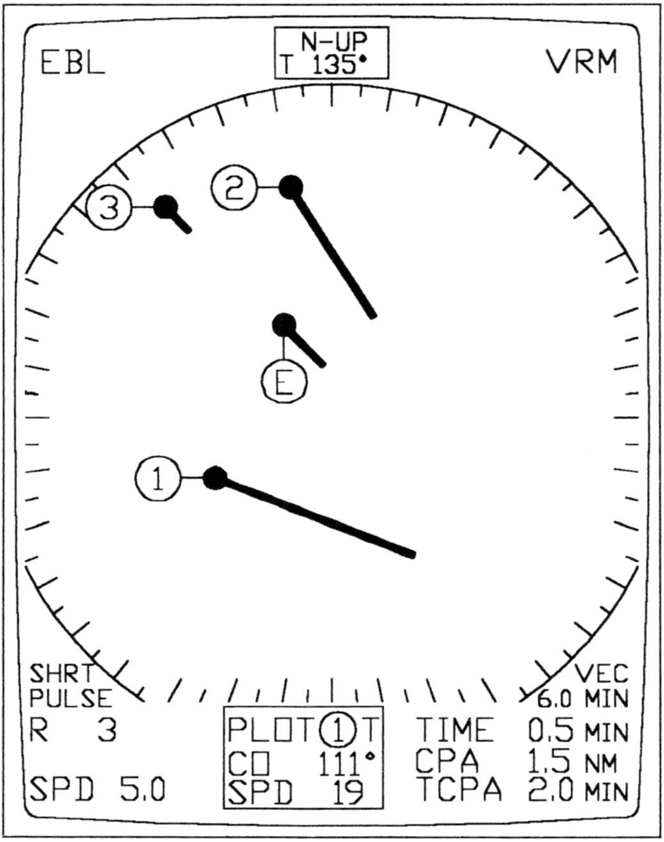

Abb. 56 Wahre Darstellung (true motion), nordstabilisiert; E = eigenes Schiff, 1, 2 und 3 sind die Echos dreier Objekte

Bei der nordstabilisierten Darstellung *(north-up)* gibt „T" *(true)* rechtweisend Nord an. Wenn der magnetische Norden eingestellt ist, wird das auf dem Bildschirm mit „M" *(magnetic)* angegeben. Die eigene Geschwindigkeit beträgt 5 kn *(SPD 5.0).*

In Abbildung 55 (relative Darstellung) ist Echo 3 vom eigenen Schiff (Echo E) weg gerichtet. Es wird also vorhergesagt, daß nach 6 Minuten (Vektorzeit: VEC

6.0 MIN) die Entfernung zwischen Echo 3 und dem eigenen Schiff zugenommen haben wird. In Abbildung 56 hingegen (wahre Darstellung) erkennt man, daß Echo 3 ein Mitläufer (gleicher Kurs) mit etwas geringerer Geschwindigkeit (3 kn) ist.
Man kann jetzt die Daten der Echos aufrufen, in diesem Beispiel die des Echo 1. Beachten Sie, daß die Angaben der relativen, vorausstabilisierten Darstellung und die der wahren und nordstabilisierten Darstellung unterschiedlich sind. In der relativen Darstellung beträgt die Geschwindigkeit dieses Echos (gegenüber dem eigenen Schiff) 15 kn, während die Geschwindigkeit bei der wahren Darstellung 19 kn beträgt. Im letzteren Fall handelt es sich um den rechtweisenden Kurs durch das Wasser.
In beiden Darstellungen bleiben der CPA und die TCPA gleich. Es läßt sich ablesen, daß in zwei Minuten (TCPA) der kleinste Abstand zum Echo 1 eineinhalb Seemeilen betragen wird. TIME gibt die Zeit an, die seit dem ersten Plott verstrichen ist. Die Zeit, für die die Vektorlänge bestimmt wird (VECTOR TIME) kann der Benutzer selbst einstellen. Im Normalfall beträgt dieser Intervall sechs Minuten. Durch Vergrößern der Länge läßt sich bisweilen besser vorhersagen, ob der Vektor eines Echos die eigene Position kreuzen wird.
Die einzelnen Abbildungen lassen des weiteren erkennen, daß die relative Darstellung benutzt werden muß, um Kollisionssituationen auf Sicht zu beurteilen: Man kann deutlich sehen, ob die Bewegungsvektoren der Echos zum festen Mittelpunkt des Bildschirms (dem eigenen Schiff) hin gerichtet sind oder nicht. Bei der wahren Darstellung (TRUE) hingegen ist es viel schwieriger herauszufinden, ob sich zwei Vektoren (der eigene Bewegungsvektor und der eines anderen Schiffes) irgendwo kreuzen.

Was muß getan werden, um ein Schiff in einem bestimmten Abstand passieren zu lassen?

Beim Bestimmen eines Ausweichkurses muß man vom *Kurs durchs Wasser* (sea-stabilized) ausgehen und nicht vom *Kurs über Grund*, den ein elektronisches Ortungssystem liefert.
Grundsätzlich können Sie auf zwei verschiedene Arten reagieren, wenn ein Zusammenstoß zu befürchten ist:

a) Sie können einen *Ausweichkurs* steuern, der Sie von dem anderen Schiff fortbringt.
b) Sie können Ihre Geschwindigkeit anpassen. Für im allgemeinen langsame Boote, wie Segelyachten, kommt die zweite Möglichkeit weniger infrage. Ein wichtiger Gesichtspunkt ist der Umstand, daß der Navigator des anderen Schiffes eine geringe Änderung Ihrer Geschwindigkeit, beispielsweise eine Abnahme von 5 auf 3 kn, nur schwer erkennen wird. Aus diesem Grunde ist eine Kursänderung grundsätzlich zu empfehlen; ein solches Manöver wird besser wahrgenommen.

Die Frage ist, ob in solchen Situationen mit dem anderen Schiff eine Sprechverbindung über UKW aufgenommen werden sollte. Das Problem ist unter Umständen die schwierige Identifizierung. Wenn sich nämlich in der Nähe mehrere Frachtschiffe befinden, ist es für einen Sportbootführer nicht einfach, genau mit dem Schiff Kontakt aufzunehmen, mit dem er Informationen über seine beabsichtigten Manöver austauschen will.

Kursänderung

Bei der Bestimmung von Ausweichmanövern spielt eine besondere Dreieckskonstruktion eine besondere Rolle, das sogenannte *AOW-Dreieck*. Der Ausdruck ist aus den Abkürzungen englischer und deutscher Wörter gebildet. In anderen Veröffentlichungen findet man auch den Namen XYZ-Plottdreieck.

AO: die zusammengesetzte Bewegung von **A**nderes Schiff und **O**bservator.
WO: **W**as der **O**bservator im Plottinterval macht.
WA: **W**as das **A**ndere Schiffe macht.

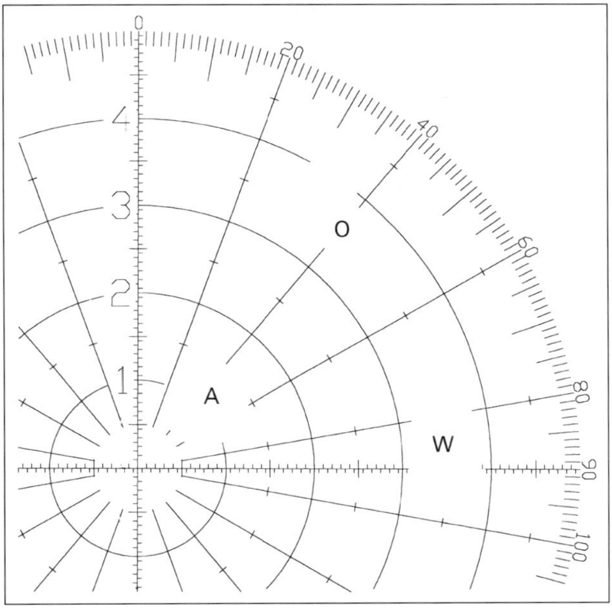

Abb. 57
AOW-Dreieck für die Konstruktion von Ausweichmanövern

Die einzelnen Handlungen werden in 5 Schritten beschrieben. Der Einfachheit halber wird von der vorausstabilisierten Darstellung ausgegangen (Abb. 58).

Gegeben sind:

- Eigengeschwindigkeit: 10 kn (etwas zu hoch, aber die Konstruktion wird dadurch deutlicher), Kompaßkurs: 340° (keine Mißweisung und Ablenkung);
- um 10.00 h wird das andere Schiff gepeilt: 50°, Entfernung: 9 sm;
- um 10.12 h wird **O** nochmals gepeilt: immer noch 50°, Entfernung: 7 sm;
- Feststellung: Es besteht Kollisionsgefahr; darum entscheiden Sie sich zu einer Kursänderung, so daß der kleinste Passierabstand 2 sm beträgt. Die Kursänderung soll um 10.18 h stattfinden und zwar beim Punkt **P**, wenn das andere Schiff noch eine Seemeile näher gekommen sein wird.

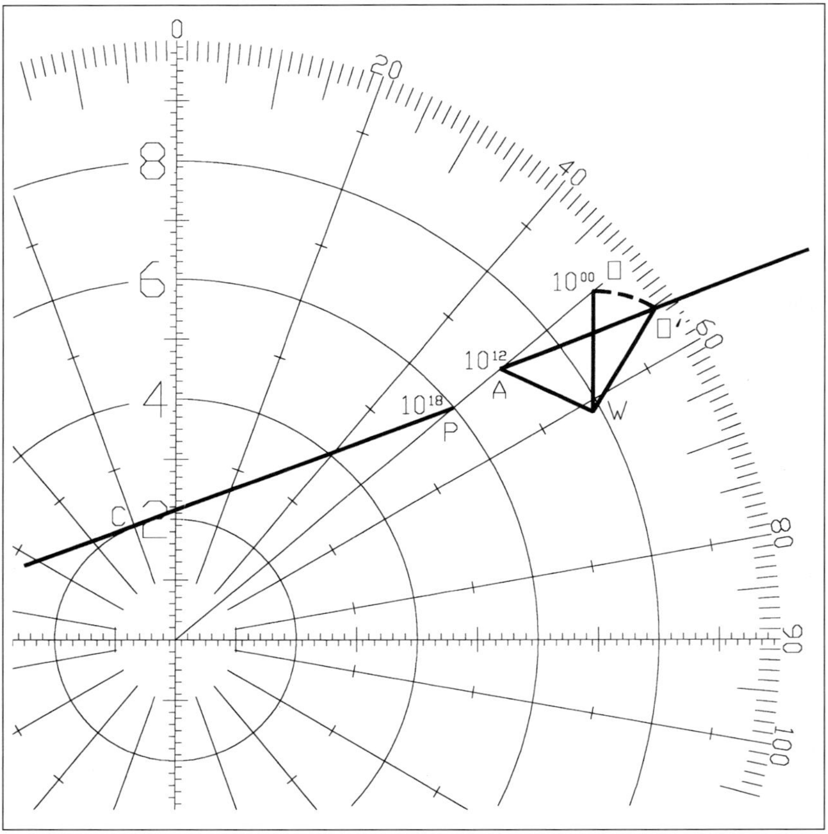

Abb. 58
Konstruktion eines Ausweichkurses durch Geschwindigkeitsänderung; voraus-stabilisiert

Bedenken Sie, daß mit kleinen Radargeräten Peilungen in so großen Entfernungen nicht oft vorkommen. Auf diese Weise wird jedoch die Plottkonstruktion deutlicher.

Schritt 1:
Die erste Peilung (O) und die zweite Peilung (A) werden in das *plottingsheet* eingezeichnet. *OA* ist der relative Bewegungsvektor des anderen Schiffes. Tragen Sie zunächst den eigenen Kurs und den zurückgelegten Weg zu O ein, um Kurs und Fahrt des anderen Schiffes bestimmen zu können. Eigene Richtung: 0° (parallel zur Vorauslinie, die in der vorausstabilisierten Darstellung auf 0° liegt). Ihr zurückgelegter Weg in 12 Minuten beträgt 10 sm : 5 = 2 sm, angegeben durch *OW*.
WA ist der Kurs des anderen Schiffes.

Schritt 2:
Bestimmen Sie jetzt die neue Annäherungslinie von O. Die erhalten Sie, wenn Sie von P die Tangente an den 2-Meilen-Abstandsring ziehen: Sie wollen, daß sich O auf dieser Linie *PC* bewegt!
Bezüglich des Punktes P siehe die Angaben oben.

Schritt 3:
Sie konstruieren das Dreieck *AO'W*. Wenn O weder seinen Kurs noch seine Geschwindigkeit ändert, bleibt auch *AW* unverändert. Durch Ihre Kursänderung wird allerdings die Richtung von *WO*, das heißt, Ihres eigenen Bewegungsvektors, geändert. Dessen Länge ändert sich natürlich nicht, weil die Geschwindigkeit konstant bleibt.
Konstruieren Sie die neue Linie *AO'*, indem Sie eine Linie parallel zu *PC* ziehen.

Schritt 4:
Die Länge von *AO'* erhalten Sie, indem Sie den Kreisbogen *WO* schlagen; die Länge des Radius ändert sich nicht, wenn die Geschwindigkeit konstant bleibt. Der neue Kurs wird jetzt angegeben durch die Richtung von *WO'*: 34°. Sie müssen also nach Steuerbord ausweichen.

Schritt 5:
Die neue Annäherungsgeschwindigkeit wird ermittelt durch *O'A*, der kleinste Abstand wird in etwa 25 min erreicht sein. Diese Zeit wird anhand der Länge von *O'A* ermittelt, der neuen Annäherungsgeschwindigkeit des anderen Schiffes. Der Abstand *PC* beträgt etwa 5,6 sm und die neue Annäherungs-

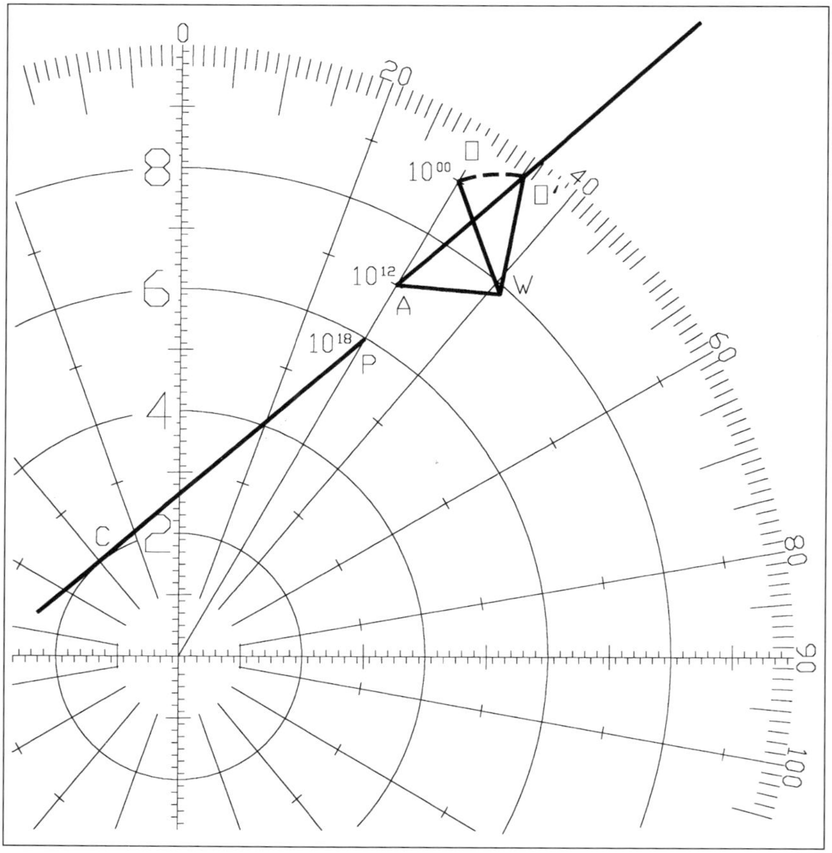

Abb. 59
Konstruktion eines Ausweichkurses; nordstabilisiert; im übrigen gleicht die Situation der in Abbildung 58

geschwindigkeit 13,75 kn. Der CPA wird also in 5,6 : 13,75 × 60 min = ca. 25 min erreicht werden.
Ihr ursprünglicher Kompaßkurs betrug 340°, der neue Kompaßkurs wird also 340° + 34° = 14° werden. Eigentlich ist die Kursänderung um 34° zu gering, um vom Navigator des anderen Schiffes einwandfrei erkannt zu werden!
In Abbildung 59 werden dieselben Angaben verwendet, nur wird jetzt mit der nordstabilisierten Darstellung gearbeitet. Diese wird in der Praxis am meisten benutzt, weil sich Peilungen damit viel stabiler ausführen lassen (siehe Kapitel 2). Im Grunde genommen ist die Plottkonstruktion die gleiche wie im vorigen Beispiel der vorausstabilisierten Darstellung. Nur die Richtung des Bewegungsvektors *WO* ist jetzt nicht 0°, sondern 340°, parallel zur Vorauslinie von 340°. Die Linie *WO'* liefert sofort den Kurs, der anliegen muß, nämlich 14°.

Ausreichender Passierabstand durch Geschwindigkeitsänderung

Kollisionen oder zu kleine Passierabstände lassen sich auf zwei Arten vermeiden: durch eine Kursänderung oder durch eine Geschwindigkeitsänderung. Wie bereits erwähnt ist eine Geschwindigkeitsänderung für Segelboote weniger angeraten, da sie ohne Kursänderung nicht so einfach zu verwirklichen ist. Für Motoryachten ist diese Methode allerdings eine Möglichkeit.
Im nächsten Beispiel wird aus Gründen der Deutlichkeit von einer nicht zu geringen Geschwindigkeit des eigenen Schiffes ausgegangen: 10 kn. Angenommen, Sie nehmen um 12.00 h ein anderes Schiff wahr mit einer Peilung von 60° und in einer Entfernung von 4,5 sm (Punkt O). Um 12.06 h befindet es sich auf Punkt A, Entfernung 3,5 sm. In dieser Zeit haben Sie selbst 1 sm zurückgelegt und damit ist Punkt W festgelegt. *WA* gibt den Kurs und die Fahrt des anderen Schiffes in der Plottzeit von 6 min an. Die Resultierende aus Ihrem eigenen Kurs und dem Kurs und der Fahrt des anderen Schiffes ist die Linie *OA*. Sie beschließen, das andere Schiff in 1 sm Entfernung passieren zu lassen (Abb. 60).

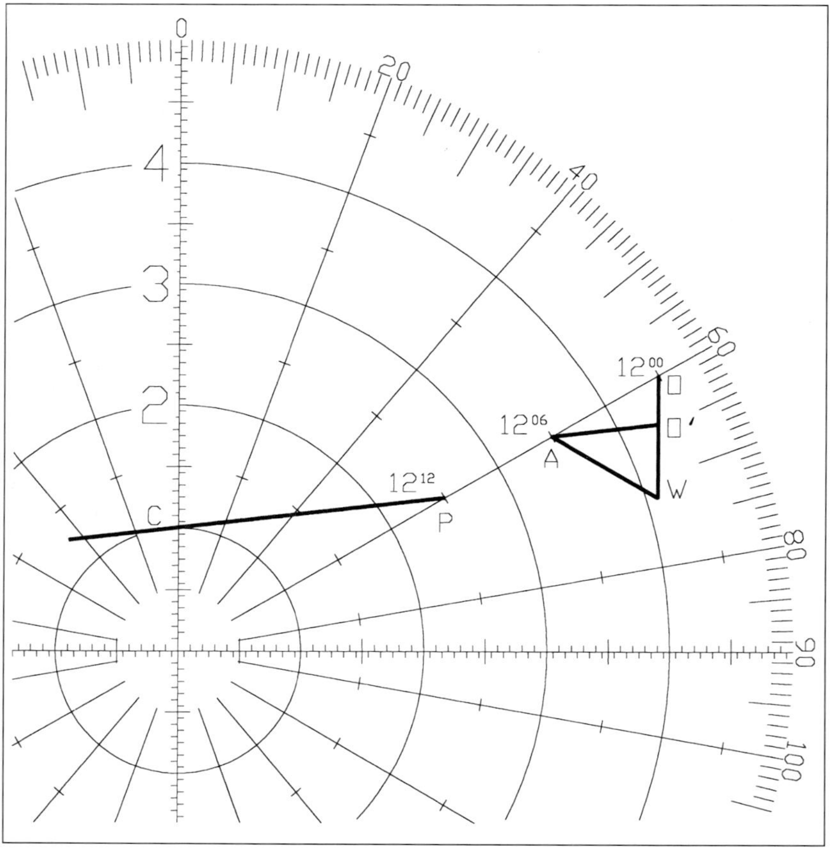

Abb. 60
Fahrt mindern, um ein anderes Schiff in 1 sm Abstand passieren zu lassen; vorausstabilisiert

Um 12.11 h nehmen Sie Fahrt zurück und um 12.13 h können Sie mit der gewünschten Geschwindigkeit laufen. Es wird davon ausgegangen, daß die 2 Minuten zur Herabsetzung der Geschwindigkeit aufgeteilt werden können,

und zwar in 1 Minute, in der die alte Geschwindigkeit abnimmt und eine weitere Minute, in der die neue Geschwindigkeit erreicht wird. Das heißt, man kann so tun, als ob die Geschwindigkeit genau um 12.12 h plötzlich geändert worden ist. Nach den 6 Minuten zwischen 12.06 h und 12.12 h ist das andere Schiff beim Punkt P angekommen, das heißt, die Strecke *OA* ist näher gekommen. Von dort aus lassen Sie die *neue Annäherungslinie PC*, die den 2-Meilen-Abstandsring tangiert, beginnen. Im bekannten Dreieck *AOW* wird die Linie *AW* nicht geändert, solange das andere Schiff Kurs und Fahrt beibehält. Es muß jedoch eine neue Resultierende konstruiert werden, eine Linie parallel zu *PC*, die das neue Dreieck *AO'W* festlegt. Die Dreiecksseite *O'W* gibt jetzt die neue eigene Geschwindigkeit an, die Sie laufen müssen, um den gewünschten Passierabstand zu erhalten. Im vorliegenden Fall beträgt die Geschwindigkeit $0{,}6 \times 10 = 6$ kn. Der Zeitpunkt für den kleinsten Passierabstand *(TCPA)* läßt sich bestimmen, wenn man das Echo des anderen Schiffes noch eine Zeit lang verfolgt.
Die Geschwindigkeitsabnahme ist nicht sehr groß und der von Ihnen gewählte Passierabstand ziemlich gering. Für den Navigator des anderen Schiffes ist es darum nicht leicht festzustellen, was Sie vorhaben und wie Ihre Handlungsweise ist. Unter diesem Gesichtspunkt ist eine Kursänderung deutlicher. Möglicherweise läßt sich ein telefonischer Kontakt herstellen, damit beide Rudergänger die Absicht des anderen erfahren.

Zusammengefaßt gilt für die Fahrtänderung:

Schritt 1:
Legen Sie den Zeitpunkt fest, zu dem die Fahrtminderung eintreten soll.

Schritt 2:
Bestimmen Sie zu dem in Schritt 1 festgesetzten Zeitpunkt die Position des anderen Schiffes auf der Annäherungslinie (P).

Schritt 3:
Konstruieren Sie die neue Annäherungslinie als Tangente an den gewünschten Abstandsring.

Schritt 4:
Ziehen Sie von A eine neue Resultierende parallel zu *PC*.

Schritt 5:
Die neue eigene Geschwindigkeit ist gleich der Länge der Linie *O'W*.

Grundstabilisiert (ground-stabilized)

Beim Benutzen von (M) ARPA müssen Sie folgendes beachten: Um Kollisionen zu vermeiden, ist es wichtig, bei der wahren Darstellung *(true motion)* (bei der also die Bewegungsvektoren der *targets* und des eigenen Schiffes abgebildet werden) keine Interpretationsfehler zu machen. Solche Fehler können auftreten, wenn ein Strom steht und nicht der rechtweisende Kurs *(sea-stabilized)*, sondern der Kurs über Grund *(ground-stabilized)* angegeben wird, der von einem elektronischen Navigationssystem (z. B. GPS) geliefert wird. Wegen der großen Genauigkeit der vom GPS bestimmten Daten (Kurs und Fahrt über Grund) steht in den Bedienungsanweisungen für MARPA die Empfehlung, diese Werte einzugeben. Dessen ungeachtet kann die grundstabilisierte Darstellung zu Interpretationsfehlern führen, wie die folgenden Abbildungen veranschaulichen. Es wird der Einfachheit halber von einem rechtweisenden Kurs von 0° ausgegangen. Das eigene Schiff ist eine langsam fahrende Motoryacht. In Abbildung 61 wird das Schiff O mit 20° gepeilt. Die vorhergesagten Bewegungsvektoren des Echos O und des eigenen Schiffes sind dargestellt und sagen aus, daß der „rote *aspect*" von O sichtbar ist. Außerdem besteht die Gefahr eines Zusammenstoßes am Ende der Vektorzeit. Des weiteren ist sichtbar, daß die abgebildete Tonne nach links zu wandern scheint. Das heißt, daß das Bild nach rechts wandert, was nur bedeuten kann, es ist Strom vorhanden, der nach rechts schiebt.
In Abbildung 62 werden nicht die rechtweisenden Kurse durchs Wasser, sondern die Kurse über Grund wiedergegeben. Die gestrichelten Linien sind die Kurse durchs Wasser, während die ausgezogenen Linien die Kurse über Grund darstellen, und zwar unter Einfluß des Stromes (die unterbrochene Linie).

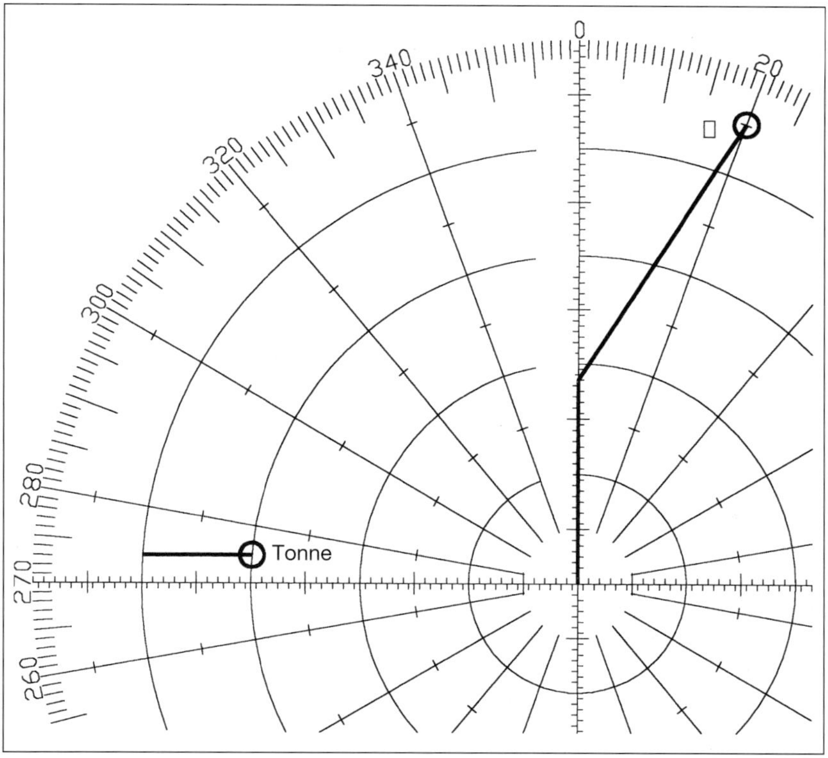

Abb. 61 Seestabilisiert (durchs Wasser)

Scheinbar sehen Sie jetzt das andere Schiff im „grünen *aspect*", so daß Sie Wegerecht hätten!
In diesem Beispiel wird klar, daß bei der Bestimmung eines Kollisionskurses aufgrund eines Radarbildes der *Kurs durchs Wasser* benutzt werden muß und

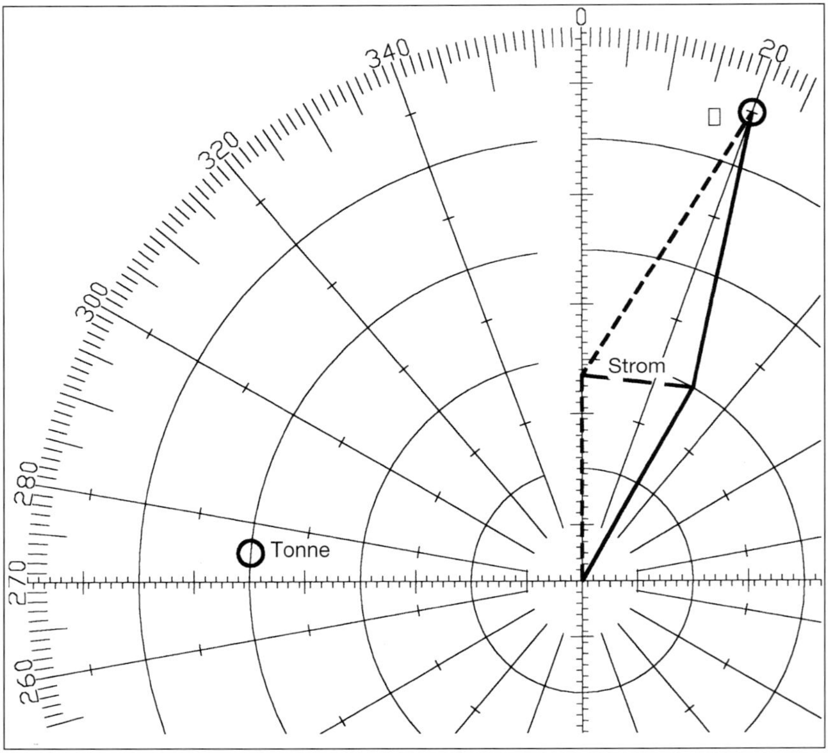

Abb. 62 Grundstabilisiert (über Grund)

nicht der *Kurs über Grund*. Das ist ohne weiteres verständlich, da sowohl das eigene als auch das andere Schiff gewöhnlich demselben Strom ausgeliefert sind und der *aspect* des Echos, das man auf dem Wasser feststellt, die einzige wichtige Information für die Ausführung eines Ausweichmanövers ist.

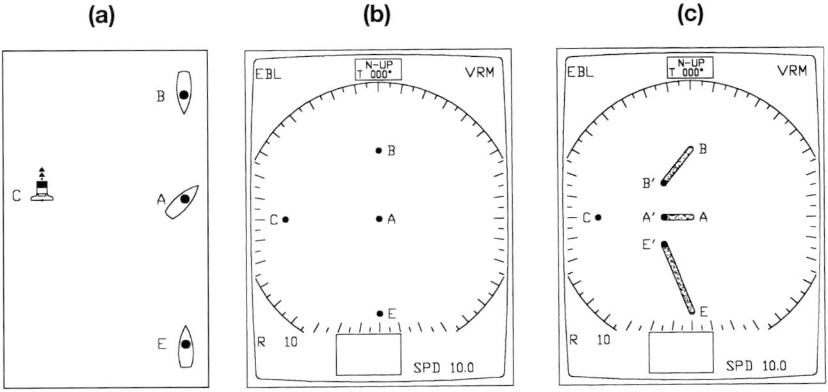

Abb. 63 (a) Wirkliche Situation auf dem Wasser; (b) Echos auf dem Radarschirm um 12.00 h, grundstabilisiert; (c) Echos auf dem Radarschirm um 12.30 h, grundstabilisiert; nach Bole & Dineley

Die nächste Abbildung zeigt eine andere Situation, die ohne weiteres zu Fehlinterpretationen führen kann. Abbildung 63 zeigt, was auf dem Wasser passiert. Das eigene Schiff (E) fährt einen Kurs von 0° mit einer Geschwindigkeit von 10 kn. Schiff A macht keine Fahrt, liegt aber 45° an, und Schiff B fährt einen südlichen Kurs mit einer Fahrt von 5 kn. Die Tonne C liegt natürlich still. Es steht ein Strom von 4 kn in einer Richtung von 270°.

Da es sich um eine relative Darstellung handelt, sieht man die Bewegungsvektoren sowohl der anderen als auch des eigenen Schiffes. Der Vektor E→E' stellt die Bewegung dar, die E in der Zeit von 12.00 h bis 12.30 h ausgeführt hat. Das Gleiche gilt für A und B. Wegen des Stromes ist die Richtung der eigenen Bewegung über Grund nordnordwestlich und die des Schiffes B südwestlich. Das stilliegende Schiff scheint von Steuerbord zu kommen und man sollte erwarten, davon die roten Positionslichter zu sehen. Die Bewegung A→A' ist jedoch ausschließlich die Folge des Stromes. Anstelle der Seitenlichter wird

man eher das Hecklicht wahrnehmen, wenn die Entfernung klein genug geworden ist.
Diese Beispiele sollen nicht andeuten, daß die grundstabilisierte Darstellung vollkommen untauglich ist, gewiß nicht. Insbesondere in betonnten Fahrwassern kann diese Art der Darstellung praktisch sein. Wenn allerdings das Radar benutzt wird, um (vor allem nachts) komplexe Verkehrssituationen zu entwirren, oder wenn eine Küste angelaufen wird und unter den vielen Lampen und Lichtern die richtigen Leuchtfeuer ausgemacht werden müssen, kann es leicht zu Interpretationsfehlern kommen. In den Gebrauchsanweisungen der meisten Radaranlagen wird vor dieser Gefahr nicht gewarnt.

Aufgaben

1. Vorausstabilisierte Darstellung. Das eigene Schiff dreht nach Steuerbord. Was lassen die Spuren von Echos, die eine Bewegung nach oben ausführen, auf dem Bildschirm erkennen?
2. Vorausstabilisierte Darstellung. Das eigene Schiff fährt langsamer. Was lassen die Spuren von Echos auf dem Bildschirm erkennen?
3. Vorausstabilisierte Darstellung. Ein Echo auf dem Radarschirm bewegt sich 1 sm in 6 min. Die Peilung ist 0°, das Echo folgt einem Kurs von 180°, die eigene Fahrt beträgt 5 kn. Wann kommt es zur Kollision, wenn um 14.00 h der Abstand zum Objekt 3 sm betrug?
4. Nordstabilisierte Darstellung. Eigener rechtweisender Kurs 20°, Fahrt 5 kn. Auf dem Radarschirm erscheint ein Objekt; um 15.00 h war die Peilung des Objekts 300°, der Abstand 4 sm. Um 15.12 h betrugen die Peilung 310° und der Abstand 3 sm.
   a) Wie groß wird der kleinste Abstand zu diesem Schiff sein und wann wird dies der Fall sein, wenn Kurs und Fahrt beider Schiffe konstant bleiben?
   b) Welcher ist der rechtweisende Kurs des anderen Schiffes? Wird dessen grünes Positionslicht sichtbar werden?

5. Vorausstabilisierte Darstellung. Fahrt des eigenen Schiffes 6 kn, Kurs 90°. Um 00.00 h wird auf dem Radarschirm ein Schiff recht voraus sichtbar, Peilung 0°, Abstand 10 sm um 00.00 h. Um 00.15 h hat die Entfernung auf 7,5 sm abgenommen, die Peilung ist unverändert.
   a) Wie groß sind Kurs und Fahrt des anderen Schiffes?
   b) Ändern Sie Ihren Kurs, wenn der Abstand 6 sm geworden ist, um einen CPA von 1 sm zu erreichen. Welchen Kurs müssen Sie anlegen?

   (Diese Situation stimmt mit der in Übungsaufgabe 2 des Simulationsprogramms RASIM vom Delius Klasing Verlag überein.)
6. Nordstabilisierte Darstellung. Fahrt des eigenen Schiffes 10 kn, Kurs 296°. Sie sehen 2 Schiffe rechts voraus (O1 und O2).
   O1: 0°, 3,75 sm um 00.01 h.
   O2: 0°, 6,00 sm um 00.03 h.
   Welches Schiff liegt auf gleichem Kurs, welches auf Gegenkurs? Wie groß sind der CPA und die TCPA, wenn Kurs und Fahrt konstant bleiben?
   (Stimmt mit Übungsaufgabe 1 von RASIM überein.)
7. Nordstabilisierte Darstellung. Fahrt des eigenen Schiffes 12 kn, Kurs 90°. Um 00.07 h wird ein anderes Schiff gepeilt mit 108°, Entfernung 8 sm.
   Nehmen Sie eine Kursänderung vor, wenn das andere Schiff 6 sm entfernt ist, um einen CPA von 2 sm zu erreichen.
   (Stimmt mit Übungsaufgabe 3 von RASIM überein.)
8. Nordstabilisierte Darstellung. Fahrt des eigenen Schiffes 8 kn, Kurs 212°. Um 00.02 h wird ein anderes Schiff gepeilt mit 258°, Abstand 8 sm.
   Ändern Sie nach 12 min die Geschwindigkeit, um einen Passierabstand von 1,5 sm zu erhalten.
   (Stimmt mit Übungsaufgabe 4 von RASIM überein.)

5 Fachausdrücke und Radarfinessen

Die Preise und Eigenschaften von Radaranlagen sind sehr unterschiedlich. Selbstverständlich darf man von einem relativ preiswerten Radar, an das eine kleine Antenne angeschlossen ist, nicht ähnliches erwarten wie von einer zehnmal so teuren Anlage mit einer großen Antenne. Im Gegensatz zu Geräten für die Berufsschiffahrt ist für eine Yacht-Radaranlage keine Baumusterprüfung im Auftrag der Seeberufsgenossenschaft erforderlich, bevor sie an Bord installiert werden darf. Das bedeutet, an die nicht ausrüstungspflichtige Sportschiffahrt kann jede beliebige Radaranlage verkauft werden, gleichgültig, ob sie den Ansprüchen der Praxis genügt oder nicht. Unerläßlich ist in der Bundesrepublik nur, daß das Gerät vom Bundesamt für Zulassungen in der Telekommunikation eine BZT-Zulassungsnummer hat und das CE-Konformitätszeichen.

Auf welche Kriterien gilt es also besonders zu achten? Da wäre zunächst einmal der Bildschirm. Je größer er ist, um so besser und ermüdungsfreier läßt sich daran arbeiten. Üblich sind 7-, 10- und 12-Zoll-Bildschirme für kleine, mittlere und größere Yacht-Radaranlagen. Die Auflösung des Radarbildschirmes spielt eine wichtige Rolle, ähnlich wie bei Computerbildschirmen. Für eine zufriedenstellende Qualität ist eine Auflösung von mindestens 480 × 640 Bildpunkten (Pixel) wünschenswert. Es gibt monochrome und Farbbildschirme. Monochrome Bildschirme gelten vielen als weniger verwirrend. Doch ist das zweifelsohne eine Frage der Sehgewohnheiten.

Für Yachten bieten sich zwei Antennentypen an: Frei drehende Antennen in Balkenform und in einem sogenannten Radom, einem geschlossenen Kunststoffgehäuse, drehende Antennen. Freidrehende lassen sich etwas größer wählen, und je größer die „Spannweite“, um so besser und schärfer ist die Darstellung auf dem Bildschirm. Da sie jedoch der ungehinderten Windlast ausgesetzt sind, ist ein stärkerer Antriebsmotor erforderlich, der mehr Strom

verbraucht. Außerdem besteht, zumindest auf Segelyachten, die Gefahr, daß sich an der Antenne Leinen oder Segel verhaken.
Der Antriebsmotor der in einem Radom geschützten Antennen hat einen geringeren Stromverbrauch. Auch kann sich nichts verhaken. Die Antenne wird aber meist etwas zu klein sein für eine gute Bildauflösung, doch ist sie ein oft unumgänglicher Kompromiß für Segelyachten und kleinere Motorkreuzer.
Die Tastaturfelder und Anzeigen auf den Radargeräten sind englisch. Es folgt deshalb hier eine Übersicht von Funktionsbenennungen einer „gängigen" Radaranlage. Allerdings wird man die Gesamtheit dieser Möglichkeiten nicht unbedingt in einem mittelteuren Gerät finden.

Adaptive gain: Adaptive Verstärkung. Eine Schaltung im Radargerät, die dazu dient, echte Echos aus den durchschnittlich „enttrübten" (Clutter-)Signalen herauszuheben.

Anti-clutter-rain: Regenenttrübung; mit dieser Vorrichtung können lästige, durch Regen-, Schnee- und Hagelschauer verursachte Echos abgeschwächt werden.

Anti-clutter-sea: Seegangsenttrübung; auch Wellen können lästige Echos verursachen; mit dieser Vorrichtung können diese weggenommen werden.

ARPA: Automatic Radar Plotting Aid (automatische Radarplotthilfe); ein System, mit dem automatisch Kurs und Fahrt anderer Schiffe sowie ihre CPA und TCPA bestimmt werden können.

CPA: Closest Point of Approach; der Ort, an dem der Abstand zwischen einem Objekt und dem eigenen Schiff am kleinsten ist.

Cursor: Bewegbare Markierung auf dem Radarschirm, meistens in Form eines kleinen Kreuzes.

Electronic Bearing Line (EBL): Siehe EBM.

Electronic Bearing Marker (EBM): Elektronisch erzeugter Peilstrich, der auf ein Echo gelegt werden kann, wodurch Peilung und Abstand festgestellt werden können.

Exp: Siehe Target expansion.

Gain: Verstärkung von Echos auf dem Bildschirm.

Guard-zone: Bei vielen Radargeräten läßt sich ein Bereich einstellen, der vom Radar überwacht wird. Sobald sich ein Echo in dieser Zone zeigt, wird ein akustisches Alarmsignal ausgelöst. Ein oft eingestellter Bereich ist ein Sektor recht voraus.

Index lines: Gerade Linien, die auf den Radarschirm projiziert werden, oft parallel zum eigenen Kurs. Damit läßt sich das Fahrgebiet markieren, in dem man bleiben will.

Interference rejection: Mit dieser Funktion werden Interferenzerscheinungen auf dem Radarschirm unterdrückt. Interferenzen (Frequenzüberlagerungen) können auftreten, wenn andere Radargeräte in der Nähe vom gleichen Frequenzband Gebrauch machen.

MARPA: Mini Automatic Radar Plotting Aid; siehe ARPA.

North-up: Darstellung, bei der 0° auf dem Radarschirm mit (magnetisch) Nord übereinstimmt. Diese Darstellung eignet sich zwar besonders gut zum Peilen von Objekten, sie erfordert allerdings die Eingabe des Kurses von einem elektronischen Kompaß.

Off-centering: Einstellung des Radarschirms, so daß das eigene Schiff nicht im Mittelpunkt des Bildschirms liegt.

Open antenna: Offene Radarantenne ohne schützendes Gehäuse (Radome). Auf einem Segelboot ist eine solche Antenne natürlich sehr gefährdet.

Predicted motion: Voraussichtliche Bewegung eines Echos durch lineare Extrapolation auf der Grundlage bereits früher ausgeführter Peilungen des Echos.

Pulse lenght: Länge der Radarimpulse. Je länger die Impulse sind, desto größer ist der Bereich eines Radars; aber die Fähigkeit, nahe hintereinander liegende Objekte wahrzunehmen, wird beeinträchtigt.

Pulse repetition frequency (PRF): Zahl der ausgesendeten Radarimpulse je Sekunde.

Range selector: Mit dieser Vorrichtung wird der Bereich eines Radars eingestellt.

Revolutions per minute (RPM): Anzahl der Antennenumdrehungen pro Minute.

Sleep mode: In diesem Modus wird die Radaranlage einschließlich Antenne mit einstellbaren Intervallen ein- und ausgeschaltet, um Strom zu sparen. Für Segelyachten eine interessante Sache.

Target: Ziel; ein Echo auf dem Bildschirm, das besondere Aufmerksamkeit erfordert.

Target expansion: Vergrößerung von Echos auf dem Radarschirm.

Target swap: Übertragung von Bewegungsdaten von einem *target* auf das andere, wenn beide sehr nahe beieinander liegen.

Target vector: Bewegungsvektor eines *targets*. Ein solcher Bewegungsvektor kann entweder durch Konstruktion auf dem *plottingsheet* oder automatisch von der Radaranlage erstellt werden. Hierzu müssen Kurs und Fahrt eingegeben werden.

TCPA: Time of Closest Point of Approach; der Zeitpunkt, zu dem der CPA stattfindet.

Track-ball: „Träckball"; im Bedienungspanel eines Radargeräts eingebaute Kugel, mit deren Hilfe der *cursor* über den Bildschirm bewegt werden kann.

Trail: Nachleuchtspur, die ein Echo auf dem Bildschirm hinterläßt, wenn TRAIL ON eingestellt ist. *Trail* heißt auch oft *wake*.

True motion display: Darstellungsweise, bei der sich das eigene Schiff auf dem Bildschirm bewegt, und zwar mit Geschwindigkeits- und Kurswerten, die der eigenen Fahrt und dem eigenen Kurs entsprechen. Stationäre Objekte, wie Tonnen usw. bleiben stehen.

Tuning: Das Einstellen des Radars, so daß die Frequenzen der verschiedenen Komponenten der Radaranlage optimal aufeinander abgestimmt sind.

Variabel Range Marker (VRM): Abstandsring auf dem Bildschirm mit einstellbarem Radius; wird zum Bestimmen der Entfernung von Objekten benutzt.

	Aus		Ausrichten der Vorauslinie
	Ein		Reichweite
	In Bereitschaft		Kurze Impulse
	Antenne dreht		Lange Impulse
	Nord oben		Abstimmung
	Vorausorientiert		Verstärkung

Abb. 64 Symbole der Bedienungselemente von Radargeräten gemäß den Empfehlungen der International Maritime Organization (IMO)

Vector time: Zeitraum, nach dem ein *target* eine voraussichtliche Position erreicht (das Ende eines Bewegungsvektors). Meistens kann man wählen zwischen 1, 3, 6 und 12 Minuten.

Wake: Siehe Trail.

Zoom: Vergrößern eines Bildschirmausschnitts.

	Regenenttrübung minimal		Helligkeit der Abstandsringe
	Regenenttrübung maximal		Variabler Abstandsring
	Seegangsenttrübung minimal		Peilstrich
	Seegangsenttrübung maximal		Impulssendeleistung
	Skalenbeleuchtung		Stärke des Empfangssignals
	Display-Helligkeit		

6 Radar und Vorschriften

Einführung

Es gibt verschiedene Radars für spezifische Anwendungszwecke. Man unterscheidet Radaranlagen für:

- Rhein- und Binnenschiffe;
- Seeschiffe;
- Sportboote (kleine Fahrzeuge, nicht länger als 20 m, die nicht für den gewerblichen Transport von Gütern oder Personen eingesetzt werden).

An die Radaranlagen der Berufsschiffer werden besondere Anforderungen gestellt, unter anderem bezüglich des Bildschirmdurchmessers, der Abstandsmessung, des Peilstrichs, der Peileinrichtung, der Seegangs- und Regenenttrübung, der Sende- und Empfangsfrequenz, der Bedienung und der dazugehörenden Dokumentation. Diese Anforderungen entsprechen nationalen und internationalen Vorschriften. Sie gelten nur für „ausrüstungspflichtige" Schiffe. Sportboote fallen unter die Kategorie „nicht ausrüstungspflichtig". Dennoch sind auch sie auf See den internationalen Kollisionsverhütungsregeln unterworfen. Diese gelten keineswegs nur für ausrüstungspflichtige Berufsschiffe, sondern auch für jede Yacht, die ein Radargerät an Bord führt.

Die Kollisionsverhütungsregeln (KVR)

Wer sein Radar auf See benutzen will, muß sich auch an die Bestimmungen halten, die in den KVR, Regel 7, 8 und 19, enthalten sind. Es folgen hier einige Auszüge aus den Regeln, soweit sie sich auf die Verwendung von Radar beziehen.

Regel 7: Möglichkeit der Gefahr eines Zusammenstoßes

(b): „Um eine frühzeitige Warnung vor der Möglichkeit der Gefahr eines Zusammenstoßes zu erhalten, muß eine vorhandene ... Radaranlage ... gebraucht werden, und zwar einschließlich der Anwendung der großen Entfernungsbereiche, des Plottens oder eines gleichwertigen systematischen Verfahrens zur Überwachung georteter Objekte."

Hieraus ergibt sich die Verpflichtung, gegebenenfalls ein Radargerät zu benutzen und geortete Objekte mitzuplotten.

Regel 8: Manöver zur Vermeidung von Zusammenstößen

(b): Jede Änderung des Kurses und/oder der Geschwindigkeit zur Vermeidung eines Zusammenstoßes muß ... so groß sein, daß ein anderes Fahrzeug optisch oder durch Radar sie schnell erkennen kann; aufeinanderfolgende kleine Änderungen des Kurses und/oder der Geschwindigkeit sollen vermieden werden."

Auch hier wird ausdrücklich angesprochen, daß Kurs- und Geschwindigkeitsänderungen auf dem Radarschirm deutlich zu erkennen sein müssen. In einem (englischen) Kommentar zu dieser Regel heißt es, ein Kursänderungswinkel muß mindestens 30° betragen, besser aber sind unbedingt Winkel zwischen 60° und 90°.

Regel 19: Verhalten von Fahrzeugen bei verminderter Sicht

(a): Diese Regel gilt für Fahrzeuge, die einander nicht in Sicht haben, wenn sie in oder in der Nähe eines Gebietes mit verminderter Sicht fahren."

(d): „Ein Fahrzeug, das ein anderes Fahrzeug lediglich mit Radar ortet, muß ermitteln, ob sich eine Nahbereichssituation entwickelt und/oder die Möglichkeit der Gefahr eines Zusammenstoßes besteht. Ist dies der Fall, so muß es frühzeitig Gegenmaßnahmen treffen; ändert es deshalb seinen Kurs, so muß es nach Möglichkeit folgendes vermeiden:
  (i) eine Kursänderung nach Backbord gegenüber einem Fahrzeug vorlicher aus querab, außer beim Überholen;
  (ii) eine Kursänderung auf ein Fahrzeug zu, das querab oder achterlicher als querab ist."

Nur durch Plotten läßt sich ermitteln, ob sich eine Nahbereichssituation entwickelt.

Flußradar

Yachtradargeräte sind Seeradars und das ausschließlich. Auch eine Umschaltung von „sm“ auf „km“, wie das an manchen Geräten möglich ist, macht noch kein Flußradar. Der wesentliche Unterschied zum Seeradar ist die scharfe Bündelung der Radarkeule von 0,8 Grad. Davon aber sind Yachtradargeräte weit entfernt, bedeutet dieser (horizontale) Öffnungswinkel doch eine wesentlich größere Antenne, als man sie auf einer Segelyacht unterbringen könnte.
Auf Binnenrevieren, wie Elbe, Rhein oder auch Dollart oder IJsselmeer dürfen Yachtradargeräte also nicht benutzt werden. Diese Regelung ist international. Zuwiderhandlungen werden von den zuständigen Behörden scharf geahndet.
Wohl kann man sein Yachtradar bei sichtigem Wetter einschalten. Die Regelung geht dahin, daß es, wenn Radar gefordert ist (nachts oder bei Nebel), nicht benutzt werden darf. Ergo: Gebietet die Situation auf einem Binnenrevier das Benutzen von Radar, kommt das für eine Yacht einem Fahrverbot gleich – auch wenn sie mit einem (Yacht-)Radargerät ausgerüstet ist.

Anhang A
Literaturverzeichnis

Bole A. G. & W. O. Dineley, *Radar and ARPA manual*. Butterworth-Heinemann Ltd, Oxford 1992.

Cockcroft, A. N. & J. N. F. Lameijer, *A guide to the collision avoidance rules.* Stanford Martime, London 1985.

Hoebe, J., *Leerboek beperkte maritieme radiocommunicatie*. NKB Uniprint, Schiedam 1993.

Rietveld, T. & A. van Groeningen, *Kustnavigatie: een instructieboek*, Hollandia, Baarn 1994.

Anhang B
Lösungen der Aufgaben

Kapitel 1

1 $2{,}20 \times (36 + 9) = 19{,}8$ sm.
2 Wenn die Erscheinung *superrefraction* (Überreichweite) auftritt oder wenn *ducting* (Tunnelbildung) auftritt.
3 Nein.
4 Im X-Band (dem 3-cm-Band).
5 Die Möglichkeit, daß zwei kurz hintereinander liegende Objekte auf dem Radarschirm zu einem Echo zusammenfließen.

Kapitel 3

1 Grundstabilisiert.
2 Die nordstabilisierte Darstellung erlaubt eine weniger variable Peilung.

Kapitel 4

1 Einen „Knick" nach links.
2 Einen „Knick" nach oben.
3 Die Verschiebung des Echos bei der relativen Darstellung ist die Resultierende aus Kurs und Fahrt beider Schiffe. Die Resultierende beträgt 1 sm in 6 min. Um 14.18 h kommt es zur Kollision.
4a 2 sm.
4b 58° und $1{,}8 \times 5 = 9$ kn; nein, das grüne Steuerbordlicht wird nicht sichtbar.
5a 24 kn und 270°.
5b 40° nach Steuerbord.

6 O1: 124°, 11,5 kn, CPA = 0, TCPA = 20 min (Gegenlieger).
O2: 304°, 7,5 kn, CPA = 0, TCPA = 96 min (Mitlieger).

7 Steuern Sie einen Kurs von 130°; Fahrt von 12 kn beibehalten; CPA = 2 sm; TCPA = 14 min.

8 Halten Sie den Kurs von 212°; nehmen Sie Geschwindigkeit zurück auf 5 kn; TCPA = 29 min.

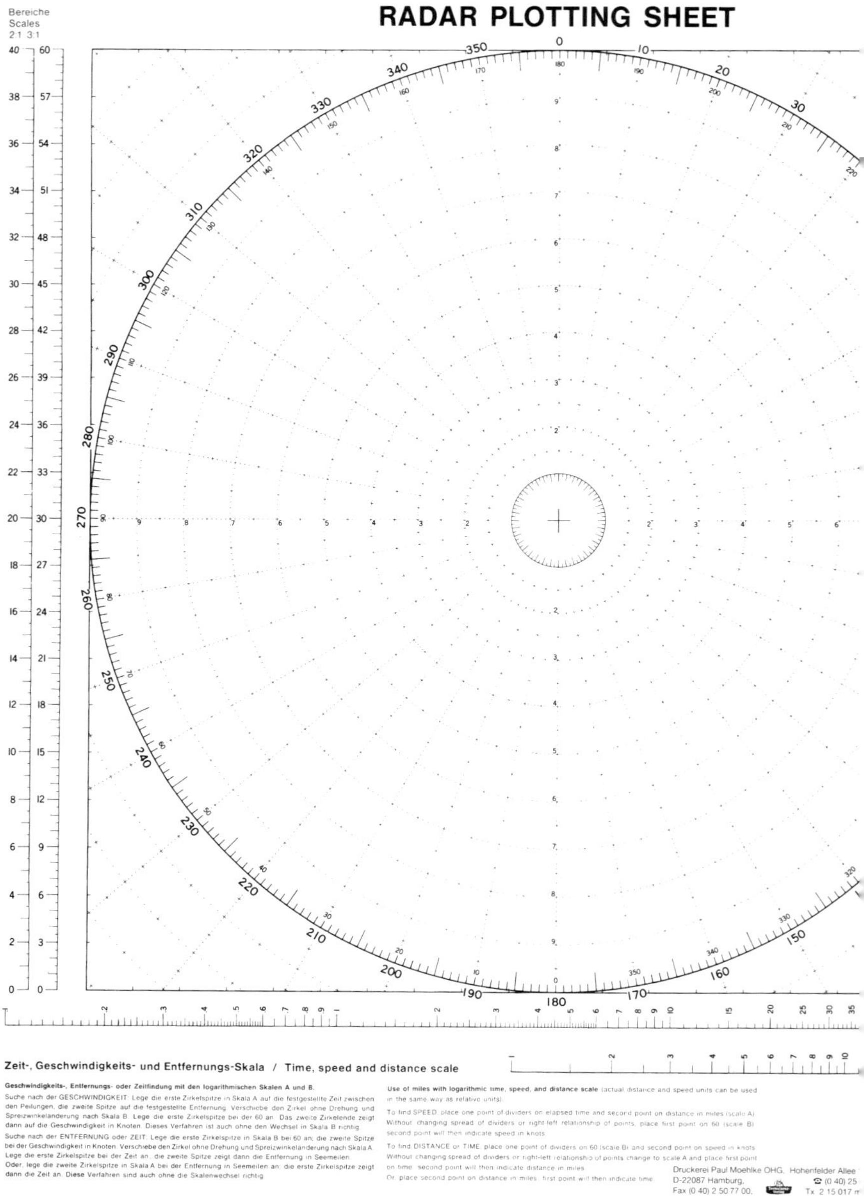

Abb. 65
Koppelspinne (Plottingsheet), fürs Einüben ins Radar-Plotten unerläßlich.

RADAR PLOTTING SHEET

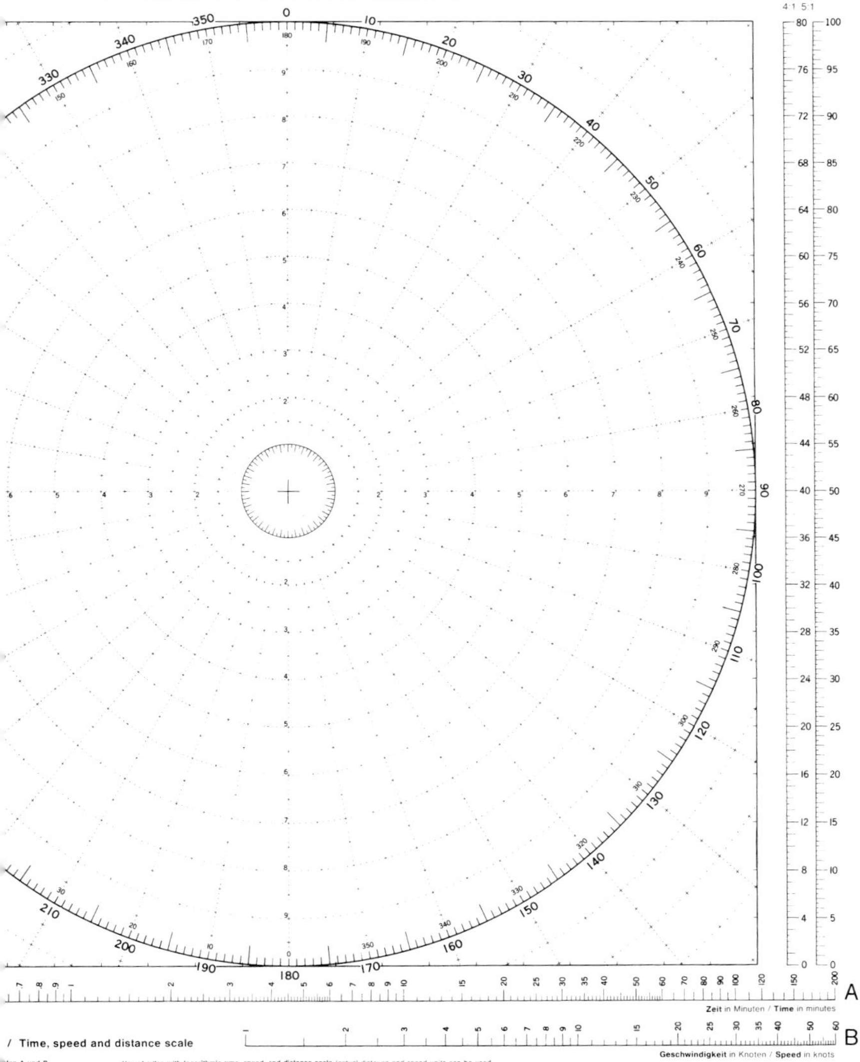

/ Time, speed and distance scale

…len A und B.
… die festgestellte Zeit zwischen … den Zirkel ohne Drehung und …n. Das zweite Zirkelende zeigt … Wechsel in Skala B richtig.
… B bei 60 an; die zweite Spitze …izwinkeländerung nach Skala A. …ntfernung in Seemeilen. …an; die erste Zirkelspitze zeigt

Use of miles with logarithmic time, speed, and distance scale (actual distance and speed units can be used in the same way as relative units).

To find SPEED, place one point of dividers on elapsed time and second point on distance in miles (scale A). Without changing spread of dividers or right-left relationship of points, place first point on 60 (scale B): second point will then indicate speed in knots.

To find DISTANCE or TIME, place one point of dividers on 60 (scale B) and second point on speed in knots. Without changing spread of dividers or right-left relationship of points change to scale A and place first point on time: second point will then indicate distance in miles.
Or, place second point on distance in miles: first point will then indicate time.

Druckerei Paul Moehlke OHG, Hohenfelder Allee 17-19
D-22087 Hamburg, ☎ (0 40) 25 60 27
Fax (0 40) 2 50 77 00, Tx 2 15 017 moel d
97 849

Zu beziehen: Druckerei Paul Moehlke, Hohenfelder Allee 17–19, 22087 Hamburg

Stichwortverzeichnis

(Es ist nur die Seite angegeben, auf der das Stichwort zuerst vorkommt.)